Kansai

교토·오사카·고베!
월드 미식 가이드

Kansai

교토·오사카·고베!
일드 미식 가이드

크록

"시간과 사회에 얽매이지 않고 행복하게 공복을 채울 때, 잠시 그는 자기 마음대로이고 자유가 된다. 누구에게도 방해받지 않고 신경을 쓰지 않으며 먹는다는 고독한 행위, 이 행위야말로 현대인에게 평등하게 주어진 최고의 치유라 말할 수 있는 것이다."

이 말은 동명의 만화가 원작인 일본 드라마 '고독한 미식가' 오프닝에서 나오는 유명한 내레이션이다. 이 원작 만화의 글을 담당한 쿠스미 마사유키는 고독한 미식가 제작진이 전통과 멋이 있는 가게를 섭외하는 데 얼마나 심혈을 기울이는지를 한겨레신문사와의 인터뷰를 통해 충분히 들려 주었다.

'고독한 미식가'가 중년 남성의 영업 중 혼밥, '와카코와 술'이 직장 여성의 퇴근 후 혼술, '명건축에서 점심을'이 멋드러진 건축물 식당에서의 근사한 점심, '명탐정 코난'이 수학여행이나 살인사건 전후로의 망중한 디저트 등 나이와 성별 그리고 직업까지 모두 다른 주인공들의 다양한 먹는 모습은 시청자들의 호기심을 자극하기에 충분했다. 확실히 초창기의 먹방 일본드라마보다 현재의 먹방 일본드라마들의 제작 질이 좋아지고 있음을 느낀다. 그래서인지 드라마에 소개된 가게에 가서 직접 주인공들이 먹고 마시며 울고 웃던 가게를 찾고 싶은 충동은 더욱 커졌다.

'라면 너무 좋아 고이즈미 씨'의 주인공은 먹고 싶어도 못 먹을 수 있고 먹을 수 있어도 폐점하면 먹지 못하니 현재를 즐기라는 명언을 남겼다. 그뿐인가? '와카코와 술'의 여주인공은 남자친구와의 데이트도 좋지만 아무도 신경 쓰지 않고 혼자 먹고 마시는 시간도 중요하다는 혼밥혼술의 궁극적 목표와 의미를 되새기기도 했다. 교토·오사카·고베는 넓고 먹을 것은 많다. 음식이라는 매개를 통해 교토·오사카·고베 사람들과 식문화를 만나게 될 것이다.

주인이 나이가 많아 더는 가게 운영이 어려워지거나 코로나 사태로 문을 닫은 경우도 있고, 나시모테梨門邸같이 불의의 화재로 식당 겸 집이 전소되는 안타까운 경우도 있었다. 고령의 주인들이 건강하고 식당이 건재할 때 간사이 지방을 찾아 맛의 진수를 만끽하길 바란다. 일본드라마와 영화, 만화 등 일본의 미디어에 소개돼 한국에서 빛을 보게 된 숨겨진 교토의 맛집들을 찾아 소개하며, 여러분을 천년고도 교토·오사카·고베로 초대한다.

독자분들께

● 음식명을 현지 식당에서 실제 쓰는 발음으로 표기했다. 주문할 때 현지인들은 우리나라식 발음을 잘 알아듣지 못한다. 가령 '커피'를 '코-히', '햄버거'를 '함바-가-', '미트'를 '미-토', '하프'를 '하-후', '맥도널드'를 '마쿠도나루도'라고 발음한다. 겨우 모음 하나나 장음 등의 차이로 의사소통의 어려움을 겪지 않길 바라는 마음으로 현지인의 발음을 그대로 적었다.

● 상호 및 주소와 같은 정보는 구글 맵(google map)을 기준으로 삼았다. 그러나 많은 수의 식당, 카페, 술집 등이 코로나로 어려운 시기를 버티지 못하고 폐업했다. 불의의 사고로 문을 닫은 곳도 있다. 또한 약속시간에 엄격한 일본에서조차 코로나 시대의 영향으로 영업시간이 들쭉날쭉하다. 어떠한 식당을 목표로 했을 때, 좀 더 세밀하게 조사와 확인을 하고 가길 권한다.

● 요금은 취재한 날짜를 기준으로 기록했다. 이후로 변동이 생겼을 수 있다. 표기된 금액은 대략적인 값이므로 예산을 짜는 데 참고하기 바란다.

Contents

시작하며 4 | 독자분들께 6

『고독한 미식가』 속 그곳은…!

아마카라야甘辛や 14 | 쿠시카츠 도테야키 타케다串カツどて焼き武田 16 | 산쨩야さちゃん屋 18 | 기온 우오케야 우祇をん う桶やう 20

『케이한연선 이야기』 속 그곳은…!

타코야키도라쿠 와나카たこ焼道楽 わなか 오사카죠코엔점大阪城公園店 24 | 센니치마에 하츠세千日前 はつせ 26 | 지유켄自由軒 난바 본점難波本店 28 | 혼 세키구치本 せきぐち 30 | 고고이치 호라이 551蓬莱 에비스바시 본점戎橋本店 32 | 이즈우いづう 34 | 기온키타가와한베에祇園北川半兵衛 36 | 모요리이치もより市 교바시역 내京橋駅 内 38 | 겟케이칸 오쿠라기념관 月桂冠大倉記念館 40 | 우동 무라うどん村 42 | 마지카루 라군 킷친マジカルラグーンキッチン 44

『미야코가 교토에 떴다』 속 그곳은…!

마스가타야滝寿形屋 48 | 쿄노오반자이 와라지테이京のおばんざい わらじ亭 50 | 후나오카온천船岡温泉 52 | 미나토야 유레이코소다테아메みなとや 幽霊子育飴 혼포本舗 54 | 유메야夢屋 56 | 마루키제빵소まるき製パン所 58 | 카자리야かざりや 60 | 아마이로코히토타이야키あまいろ コーヒーとたい焼き 62 | 데아히차야 오센出逢ひ茶屋 おせん 64 | 이리야마 두부점入山豆腐店 66 | 타코토켄타로 파트2 タコとケンタロー パート2 68 | 로빈손 카라스마ロビンソン烏丸 70

『잠시 교토에 살아 보았다』 속 그곳은…!

쿄도후 토요우케야京豆腐 とようけ屋 야마모토 본점山本店 74 | 후우키麩嘉 부쵸마에 본점府庁前本店 76 | 위켄다즈코히weekenders coffee 토미노코지富小路 78 | 그리루세이켄카이칸グリル生研会館 80 | 다이코쿠야카마모치大黒屋鎌餅 혼포本舗 82 | 요시노야吉酒家 84 | 카훼 비브리오틱쿠 하로 Cafe Bibliotic Hello 86 | 나카무라세이안쇼中村製餡所 88 | 얏코やっこ 90 | 이마니시켄今西軒 92 | 노토쇼のと正 94 | 키무라 스키야키キムラ すき焼き 96 | 와이후안도하즈반도WIFE&HUSBAND 98

『명건축에서 점심을』 속 그곳은…!

데이리바시킨츠바야出入橋きんつば屋 본점本店 102 | 멘교카이칸 카이잉쇼쿠도綿業会館 会員食堂 104 | 킷사 미사喫茶みさ 106 | 리브고슈rive gauche 108 | 리스토란테 이타리아노 코롯세오リストランテ イタリアーノ コロッセオ 110 | 가스비루쇼쿠도ガスビル食堂 112 | 스모브로킷친 나카노시마스모ブローキッチン ナカノシマ 114

『나니와의 만찬』 속 그곳은…!

치토세千とせ 본점本店 118 | 야에카츠八重勝 120 | 텐푸라 소바기리 나카가와天麩ら そば切り なか川 122 | 오뎅・오코노미야키 사토미おでん・お好み焼き さとみ 124 | 마루이한덴まるい飯店 126 | 잇포테이一芳亭 본점本店 128 | 카훼 츠기네 나미요시안 본점カフェ つぎね 浪芳庵 本店 130 | 타코노테츠蛸之徹 카쿠다점角田店 132

『카모, 교토에 가다. 노포 여관의 여장 일기』 속 그곳은…!

카모가와카훼かもがわカフェ 136 | 코히 유니온COFFEE ユニオン 138 | 칸슈도甘春堂 본점本店 140 | 제제칸폿치리膳處漢ぽっちり 142 | 쥬반세루jouvencelle 오이케점御池店 144

『사랑스런 나니와밥』 속 그곳은…!

마츠야松屋 148 | 아이즈야会津屋 본점本店 150 | 시치후쿠진七福神 본점本店 152 | 마츠리야まつりや 154 | 뉴라이토ニューライト 156

『과수연의 여자』 속 그곳은…!

기온탄토祇園たんと 160 | 그란마루루GRAND MARBLE 화쿠토리점ファクトリー店 162 | 다이토쿠지 스시쵸大徳寺 鮨長 164 | 스시이와岩 166 | 마루후쿠스시丸福寿司 168 | 키린엔麒麟園 170 | 밍밍眠眠 교토우즈마사점京都太秦店 172 | 인 자 그린IN THE GREEN 174 | 히토코에 타나카ひとこえ 多奈加 176 | 킷사 챠노마喫茶 茶の間 178

『망각의 사치코』 속 그곳은…!

이나다쿠시카츠稲田串カツ 182 | 오카양おかやん 184 | 하나치바쇼텐鼻知場商店 186 | 원조 부타망 로쇼키元祖 豚饅頭 老祥記 188 | 이스즈 베이커리isuzu bakery 190 | 비후테키노 카와무라ビフテキのカワムラ 산노미야본점三宮本店 192 | 오코노미야키 아오모리お好み焼 青森 194

『와카코와 술』 속 그곳은…!

타치노미 타나카야立ち呑み たなか屋 198 | 나다기쿠 캇파테이灘菊 かっぱ亭 200 | 프로사카바ブロ酒場 202

『선생님의 주문배달』 속 그곳은…!

에이라쿠야永楽屋 본점本店 206 | 하야시만쇼도林万昌堂 시죠본점四条本店 208 | 쿠라부 · 하리에 クラブ · ハリエ 210 | 호라이蓬莱 본관本館 212

특집! 영화·애니 속 그곳은…!

『타마코마켓』

데마치후타바出町ふたば 216

『교토 테라마치산죠의 홈즈』

라이토쇼카이ライト商會 220 | 카훼 렉쿠코토cafe LEC COURT 222 | 카와도코 키부네소川床 貴船莊 224 | 앤제루 라이부라리ANGEL LIBRARY 226 | 요시다산장 카훼 신코칸吉田山莊 カフェ真古館 228

『유정천가족』

노스타르지아ノスタルジア 232 | 미시마테이三嶋亭 234 | 코히 츠타야珈琲蔦屋 236 | 카훼 웃디타운 カフェ ウッディタウン 238 | 시즈야司津屋 240 | 토카사이칸東華菜館 242 | 킷사 파라 이즈미喫茶·パーラー いずみ 244 | 와카사야若狹屋 246 | 마메키요まめ清 248

『나는 내일 어제의 너와 만난다』

스타박쿠스 코히スターバックス·コーヒー 교토산죠오하시점京都三条大橋店 252 | 킨노토리카라金のとりから 신쿄고쿠점新京極店 254 | 사라사니시진さらさ西陣 256 | 사료 아부라쵸茶寮 油長 258 | 토요쿠니 코히トヨクニ·コーヒー 260 | 타코야키 잇짱たこ焼きいっちゃん 262

『조제, 호랑이 그리고 물고기들』

홋코리다이닝구 타나카ほっこりダイニング田中 266 | 딥파단ディッパーダン 신사이바시OPA점心斎橋 オーバ店 268 | 킷사 도레미喫茶 ドレミ 270

『방과 후 주사위 클럽』

사보 이세항茶房 いせはん 274

『명탐정 코난: 진홍의 수학여행』

후르츠 파라 야오이소フルーツパーラーヤオイソ 278 | 기온토쿠야ぎおん徳屋 280 | 이쿠스 카훼eX

cafe 교토아라시야마 본점京都嵐山本店 282 | 기온키나나祇園きなな 본점本店 284 | 데즈쿠리 앙미

츠 미츠바치手作りあんみつ みつばち 286 | 오타후쿠小多福 288

『스즈미야 하루히의 우울』

훠르크스volks 니시노미야점西宮店 292 | 코히야 도리무珈琲屋 ドリーム 294

『교토 담뱃가게 요리코』

니죠코야二条小屋 298 | 탄포포タンポポ 300 | 이치모지야 와스케一文字屋 和輔 302 | 사루야さるや

304 | 시노다야篠田屋 306 | 마나후愛麩 308

『미나미양장점의 비밀』

상파우로サンパウロ 312

마치며 314

Kansai

『고독한 미식가』 속
그곳은…!

孤独のグルメ

수입 잡화 무역상인 미혼의 중년 이노카시라 고로는 고객과의 미팅을 전후로 갑작스러운 허기를 느끼다가 식당을 찾아다니며 홀로 미식 기행을 이어간다. 그의 유일한 희망이자 행복은 영업처 주변 곳곳에 숨은 맛집을 찾아다니며 원하는 음식을 먹는 것이다. 고로는 오늘도 주위 시선은 아랑곳하지 않고 음식을 음미하며 위안을 삼고 행복한 고독을 즐기는데….

아마카라야

甘辛や

오랜만에 방문한 오사카에서 무얼 먹을지 고민하는 고로. 그는 지인을 만난 후, 갑작스럽게 배가 고프다는 것을 자각하고 발걸음을 재촉한다. 그러다가 오사카의 대표 음식인 오코노미야키ぉ好み焼き 간판을 발견하고 점내로 들어선다.

고로가 선택한 메뉴는 삼겹살·양배추·초생강·계란이 들어간 철판부침요리인 오코노미야키 부타타마 정식豚玉定食(800엔), 돼지고기·오징어·새우·조개관자·초생강·계란 후라이가 들어간 고급 볶음면인 데락쿠스 야키소바デラックス焼きそば(1150엔), 문어와 파를 섞어 부침개처럼 만든 타코네기たこねぎ(450엔)이다. 고로는 행복하게 음미한다. 정식은 밥과 된장국과 단무지가 곁들여 나온다. 어떤 메뉴든 철판 요리는 맥주를 부른다.

오코노미야키는 재료에 따라 종류가 다양하다. 돼지고기·계란, 떡·돼지고기, 조개관자·계란, 오징어·계란, 오징어·돼지고기·계란, 새우·계란 등 기호에 맞게 고르자. 위로는 카츠오부시를 뿌리고 또 그 위로 마요네즈, 케찹, 겨자를 적당량 올려준다. 오코노미야키를 자를 수 있는 자그마한 주걱을 주는 것이 귀엽다.

가게는 오래되어 철판부터 시작해 그 세월을 느끼게 한다. 조용한 50대 부부가 운영하고 있어서인지 '4명 이상의 일행은 일손이 부족해 받지 않는다'라는 안내가 가게 밖에 붙어 있다. 고로의 말처럼 철재 쓰레받기 같은 도구로 오코노미야키를 서빙하는 모습이 이색적이고 'L'형 철판 카운터석도 반갑다. 단, 데스크 철판이 뜨거우니 조심하자. 테이크아웃 가능한 점이 좋다.

주소 大阪府大阪市阿倍野区美章園3-2-4 전화 06-6629-1470 영업일 11:30-13:45, 17:00-21:30 (수요일 정기휴무) 교통편 JR 한와선阪和線 비쇼엔美章園駅 출구(1개소)에서 도보 4분

오늘은 고로를
따라서 최고급
디럭스 야키소바!
24. 3. 26

카츠오부시의 군무가 시작됐다!

쿠시카츠 도테야키 타케다

串カツどて焼き武田

역으로 돌아가는 길, 우연히 공터를 지나다 포장마차를 발견한 고로. 이색적인 모습에 발걸음을 옮긴다. 그리곤 보리멸 튀김인 키스キス, 부추를 돼지고기로 감은 니라마키にらまき, 안심인 헤레ヘレ, 생강절임튀김인 베니쇼가べにしょうが를 주문해 튀기는 모습을 구경하며 고소하게 음미한다. 포장마차 앞 자판기에서 탄산음료를 사온 고로는 마지막으로 생강향이 특징인 소힘줄조림꼬치, 메추리알 꼬치튀김인 우즈라うずら를 즐긴다. 먹는 모습은 나오지 않았지만 고로는 메추리알과 비엔나 소시지, 가지, 닭고기 등을 주문했다.

주인장은 무려 84세와 82세의 친절한 미소가 돋보이는 카즈코, 키미코 할머니 자매 두 분이다. 포장마차는 코에이지光永寺라는 절의 담을 끼고 운영하고 있다. 길거리의 주차나 영업에 엄격한 일본에서 이런 방식의 영업은 특이하다. 가게의 이름 타케다는 돌아가신 주인 할아버지의 성이다. 노부부가 운영하다가 할아버지가 돌아가시자 여동생이 도와주고 있다. 포장마차 준비는 할머니의 따님이 나와 도와주고 있다. 노점이므로 비가 많이 오면 휴무일 때도 있다.

주인공이 즐겼던 메뉴 외에 방울토마토, 고추, 송이버섯, 비엔나 소시지, 새우, 참치, 닭고기, 곤약, 가지, 두꺼운 베이컨, 마늘, 굴 꼬치도 판매하고 있다. 가격 표시가 없어 일일이 물어보는 것이 부담스럽지만 주문하자마자 바로 튀김옷을 입혀 튀겨지는 녀석을 보고 있자면 군침이 싹 돈다. 기다리는 시간도 몇 분 걸리지 않는다. 소스는 공용이니 꼬치 당 한 번만 찍어 먹도록 하자. 테이크아웃 가능하고 소스도 준다.

주소 大阪府大阪市平野区平野本町1-5 전화 090-3659-5616 영업일 16:00-19:30 (목, 금, 토, 일요일 정기휴무) 교통편 오사카시영지하철大阪市営地下鉄 타니마치선谷町線 히라노역平野駅 2번 출구 도보 7분

친절한 할머니 자매분의 따뜻한 응대가 빛나다.

고로가 호텔로 돌아가려는 찰나에 발견한 타코야키 가게다. 포장마차 안에는 사람들로 가득 차 있었는데, 도쿄에서 온 고로에게 많은 말을 걸어 고로는 다소 괴로워했다. 하지만 주인장이 내어주는 깨와 파가 들어간 특제 타코야키たこ焼き를 천천히 음미하며 페이스를 되찾는다.

포장마차는 나무발로 겉을 가렸다. 한쪽에 빨간 초롱이 달려 있다. 70대 중반에 가까워 보이는 아저씨께서 홀로 운영하는 가게다. 주인할아버지는 휴대전화를 가지고 있지만 전화번호는 비밀이라고 하셨다.

타코야키는 철판 네 개를 사용해 120개를 한꺼번에 만들 수 있다. 튼실한 문어 다리가 들어가 있어 씹는 맛도 좋다. 계산의 용이함 때문일까? 타코야키는 10개에 500엔. 산토리, 아사히, 삿포로 등 캔맥주도 하나에 500엔이다. 가게 오른편 파라솔 밑에는 스티로폼 아이스박스가 있는데, 이곳에 음료와 산토리, 아사히, 기린, 삿포로 등의 캔맥주가 들어 있다. 손님이 알아서 꺼내면 되는 스타일이다. 포장마차가 손님으로 가득 차면 파라솔 밑에도 손님을 받는다. 노상 점포라 운영 상태가 열악하다.

손님과의 대화를 소중히 생각하는 친절한 주인할아버지의 뒤로는 일본의 유명한 정치 거물 아베 총리와 주인아저씨가 함께 찍은 사진이 걸려 있다. 어떻게 찍게 됐나 여쭈니, 손님이 아베 총리의 지인이었는데 그 지인이 아베 총리가 오사카 그랑비아호텔에 왔을 때 초대하여 함께 사진을 찍을 수 있었다고 하셨다. 주인아저씨와의 대화는 힘들 수 있다. 오사카 사투리가 심하고 빠진 치아로 인해 발음이 부정확하기 때문. 작년에 아내가 하늘나라로 간 마음 고생 때문인지 현재 몸무게가 51킬로그램밖에 되지 않는다고 하셨다.

장난기 가득한 주인장과의 수다 한 판.

주소 大阪府大阪市北区中津1-11-1 영업일 18:00~24:00 교통편 오사카시영지하철大阪市営地下鉄 미도스지선御堂筋線 나카츠역中津駅 2번 출구 도보 1분

기온 우오케야 우

祇をん う桶や う

교토에 도착한 고로가 해넘이를 장어 파워로 뛰어넘겠다며 노렌暖簾을 밀치고 들어간 가게다. 그러나 고로는 대기 손님이 잔뜩 있는 것을 발견하고 발길을 돌린다. 고로는 가게 밖으로 나와서도 가게의 상징과도 같은 커다란 장어덮밥 사진을 보고 갈등을 계속한다. 고로가 가게 내부까지 보고도 아쉽게 먹지 못한 장어집이 바로 '기온 우오케야 우'이다.

드라마에 등장한 것처럼 오케라는 나무밥통에 담아져 나오는 것은 3인분(11700엔) 이상 주문 시에 그렇게 받을 수 있고 1인(보통 3900엔, 큰 사이즈 4900엔)이면 우나동鰻丼이라고 해서 평범한 덮밥용 그릇에 장어가 나온다. 반찬은 오이절임, 배추절임, 무절임이 전부다. 국은 된장국인 미소시루 또는 조개와 간으로 국물을 낸 키모스이肝吸い 중에 선택할 수 있다. 장어덮밥의 양이 부족하다 싶으면 촉촉한 계란말이 안에 장어가 숨어 있는 우마키う卷き(1700엔)를 음미해 보는 것도 좋을 듯하다. 밥과 장어가 자극적이지 않기 때문에 간을 세게 하고 싶다면 검은 소소를 뿌리자. 메뉴판은 일본어와 영어가 병기된 것뿐이다.

가게는 2층으로 되어 있다. 가게에 들어서면 주방이 바로 보이는데 운이 좋으면 숯불에 장어를 굽는 모습을 구경할 수 있다. 반드시 예약하고 방문해야 한다. 일본어로만 응대하므로 일본어가 어렵다면 호텔 프런트에 부탁해보자. 가게 밖에는 '줄서지 마십시오, 기다리지 마십시오, 길가에 앉지 마십시오!'라는 경고 문구가 한글로 적혀 있다.

주소 京都府京都市東山区祇園西花見小路四条下ル 전화 075-551-9966 영업일 11:30~14:00, 17:00~20:00 (월요일 정기휴무) 교통편 케이한전철京阪電鉄 케이한혼선京阪本線 기온시죠역祇園四条駅 도보 5분

장어덮밥통의
압도적 자태를 보라.
(ma_chan 제공)

Kansai

『케이한연선 이야기』속
그곳은…!

京阪沿線物語

인생 첫 소설이 히트를 친 젊은 여성 소설가 이마치 쥰. 그러나 그녀는 다음 작품에 대한 편집자의 전화에 진저리가 나고 부담도 되어 핸드폰을 라면 국물에 담가버리고 오사카와 교토로 도망치듯 떠난다. 그곳에서 숙박비가 무료인 기묘한 민박집을 운영하는 꼬마 여주인 코코로 그리고 직원인 남성 소스케와 만나게 된다. 숙박비가 무료인 대신 종업원들과 밥을 같이 먹어야 하는 조건이 있었는데, 과연 쥰은 어떤 사람들을 만나 어떤 음식들을 먹게 될 것인가?

타코야키도라쿠 와나카 오사카죠코엔점

たこ焼道楽 わなか 大阪城公園店

오사카에 도착한 소설가 준. 준의 뒤로 오사카성이 보인다. 8화에서 준이 민박집 키즈나야의 주인인 꼬마 코코로와 코코로의 친구 사라와 함께 타코야키를 즐긴 곳이 바로 여기다. 주인공들은 카츠오부시가 춤추고 있다고 말하며 맛있어 한다. 9화에서는 텐슈가쿠모리天守閣盛り라는 '천수각모둠(12개 들이 1000엔)' 타코야키를 즐기기도 했다. 천수각 모둠은 이곳 오사카죠코엔점만의 한정 메뉴로, 4가지 타코야키맛(소금마요네즈, 간장카츠오부시, 특제소스, 계절한정맛)을 즐길 수 있다. 타코야키들이 둘러싼 가운데에는 오사카성 천수각 모양의 모나카가 놓인다. 모나카 안에는 감자샐러드가 들어가 있다. 주인공들이 강변 벤치에서 먹었던 8개 들이(600엔) 타코야키를 사면 자그마한 종이 상자에 카츠오부시를 뿌려 넣어 준다.

주소 大阪府大阪市中央区大阪城3-1 JO-TERRACE OSAKA F TERRACE 102 전화 06-6949-3303 영업일 11:00-18:00 (연중무휴) 교통편 JR 오사카칸죠선大阪環状線 오사카죠코엔역大阪城公園駅 2번 출구 도보 2분

타코야키! 오사카성이 되다!

(asei2_3 제공)

센니치마에 하츠세

젊은 여성 소설가 이마치 쥰. 옛날 소설을 벤치에서 밤늦게까지 읽다가 우연히 키즈나야에서 근무하는 소스케와 꼬마 여주인 코코로와 만난다. 이 두사람에게 이끌려 쥰은 키즈나야 민박집에 가게 된다. 민박집에서 하룻밤을 보내고 꼬마 여주인 코코로와 남직원 소스케와 도톤보리道頓堀에 온 쥰은 글리코 런너 간판이 보이는 강을 바라본다.

코코로, 소스케, 쥰이 도톤보리 다리를 떠나 처음으로 가게 된 음식점은 오코노미야키 가게인 하츠세다. 소스케는 곤약(추가 요금 80엔)과 소 힘줄(추가 요금 380엔)이 들어간 스지콘すじこん까지 추가 주문해 직접 구워 먹는다. 소스와 카츠오부시かつおぶし가 춤추는 모습과 향에 쥰은 감탄한다.

이곳은 35개의 크고 작은 방이 있어 프라이빗하게 즐길 수 있다. 메뉴판에는 만드는 방법과 가격 등이 사진과 함께 친절하게 설명되어 있다. 영어 메뉴판도 있다. 한국어 메뉴판은 없지만 사진만 봐도 충분히 이해가 가능하고 설, 추석으로 부침개의 나라가 되는 한국인이 오코노미야키 만드는 것에 허둥댈 일은 거의 없다.

상에는 커다란 철판이 있고 상 옆으로는 카츠오부시, 오코노미야키용 소스, 야키소바용 간장 소스, 파슬리가루, 기름 등이 준비되어 있다. 오코노미야키가 다 완성되면 1회용 미니 마요네즈를 짜서 얹혀주면 된다. 떡, 새우, 옥수수, 날달걀, 부추, 곤약, 파, 김치, 치즈, 오징어다리 등을 추가 요금을 지불하고 토핑할 수도 있다.

주소 大阪府大阪市中央区難波千日前11-25 전화 06-6632-2267 영업일 월-금 11:30-23:00 토, 일, 국경일 11:00~23:00 (연중무휴) 교통편 오사카시영지하철大阪市営地下鉄 미도스지선御堂筋線 난바역なんば駅 2번 출구 도보 5분 / 오사카시영지하철大阪市営地下鉄 사카이스지선堺筋線 니혼바시역日本橋駅 5번 출구 도보 5분

만들어먹는 재미가 있는 오코노미야키 맛집.

(pon_san0208 제공)

지유켄 난바 본점

自由軒 難波 本店

소설가 쥰은 근사한 건물인 오사카시 중앙공회당中央公会堂을 구경하고 나카노시마 도서관中之島図書館에서 책을 빌린다. 커다란 둥근 기둥이 인상적인 멋들어진 건물이다. 쥰은 호젠지요코쵸法善寺横丁까지 구경하고 밥을 먹으러 이동한다. 쥰은 도서관에서 빌린 책에 등장하기도 하고 작가들이 좋아했던 가게 지유켄을 찾아 날달걀이 밥 정중앙에 쏙 들어간 카레カレ—(800엔)를 음미한다. 카레라고는 하지만 물기가 거의 없는 볶음밥스러운 비주얼의 드라이 카레다. 쥰은 카레를 따로 한 입 음미하고 이후에는 날달걀을 풀어 밥과 함께 조금씩 비벼 먹는다. 그러면서 행복한 미소를 머금는다.

지유켄은 밥과 카레가 비벼져 나온다. 카레에는 소고기와 양파가 들어가 있다. 그러나 날달걀까지 올려져 있어 날달걀 특유의 비릿함과 끈적함을 싫어하는 이들에게는 문화충격으로 다가올 수 있다. 하지만 음미해본 결과 그것은 기우에 지나지 않았다. 도리어 고소함이 더해진다.

지유켄은 무려 1910년 문을 연 음식점이다. 그 역사답게 내부 인테리어가 정말이지 올드하다. 테이블도 금방이라도 부서질 듯하다. 메뉴 사진이 들어간 메뉴판에 일어, 영어, 중국어, 한국어가 한꺼번에 들어가 있어 반갑다. 가게 밖에는 음식 모형 수십 개가 있어 선택이 쉽다. 가장 유명한 메뉴가 카레이기 때문에 회전율이 빨라 다행이다. 오무라이스, 하이라이스, 돈카츠 등도 이 집의 인기 메뉴다. 가게 출입구에 배우 장근석씨가 이곳에서 카레를 먹는 모습의 사진이 떡하니 붙어 있다. KBS 여행프로그램인 '배틀트립'에서도 이 집의 카레를 즐기러 방문했다.

주소 大阪府大阪市中央区難波3-1-34 전화 06-6631-5564 영업일 11 : 30-21 : 00 (월요일 정기휴무) 교통편 오사카시영지하철大阪市営地下鉄 미도스지선御堂筋線 난바역なんば 駅 11번 출구 도보 4분

카레에 보름달이 뜨다!

혼 세키구치

本 せきぐち

혼 세키구치는 키즈나야의 오랜 단골인 할아버지 두 명이 식사로 무료 숙박을 보답하기 위해 소설가 쥰을 데려간 오사카의 흑우 스키야키すき焼き 집이다. 민박집 키즈나야의 전 여주인이었던 나나미의 스키야키를 잊지 못한 할아버지가 이야기를 꺼냈다가 마침 가까운 곳에 스키야키 집이 있다며 온 터였다. 쥰은 혼 세키구치의 엄청난 스키야키 맛과 향에 감동하고 밥을 함께 먹는 것이 얼마나 소중한 의미인지를 할아버지들을 통해 깨닫는다.

극에서는 냄비에 돼지기름을 두르고 설탕을 뿌려 녹이는 장면이 나오는데 실제로도 점원이 똑같이 해준다. 이렇게 거의 굽는 것에 가까운 조리가 간사이풍 스키야키의 특징이라고 한다. 도쿄와는 전혀 다르다. 아무리 음식 이름에 굽는다는 뜻이 들어가도 이렇게 국물이 자작하지 않게 만드는 것은 확실히 특별하다. 간장 소스를 붓고 고기가 다 익으면 날달걀에 풍덩 빠뜨려 먹으면 된다. 고기를 어느 정도 먹으면, 남은 고기와 야채 등을 모두 투하해 먹고 마지막은 냄비에 우동을 넣어 먹으면 끝이다. 후식은 녹차와 파인애플 그리고 아이스크림 한 덩이가 나온다.

메이지 17년 창업이라는 미니 간판이 가게 오른편에 부착된 것으로 보아 140년이 넘는 전통을 자랑하는 곳이다. 목조건물에 다다미방 그리고 그 사이에 있는 미니 정원까지 고풍스럽다. 하지만 음식 가격은 손을 떨게 만든다. 점원이 친절히 스키야키를 구워줘서 그런지 서비스료가 붙는데 이 금액조차 적은 돈이 아니다. 1인 10만 원 정도를 예상하고 가야 한다.

주소 大阪府大阪市中央区千日前2-2-7 전화 06-6641-2303 영업일 16:00-21:00 (일요일 정기휴무) 교통편 오사카시영지하철大阪市営地下鉄 미도스지선御堂筋線 난바역なんば駅 11번 출구 도보 7분

환상적인 마블링!
스키야키의 달콤한 유혹.

(sasa_melodic 제공)

고고이치 호라이 에비스바시 본점

키즈나야에 간사이 지역을 대표하는 오사카, 교토, 고베 지역에서 온 각각 출신이 다른 아가씨 3인이 들어왔다. 키즈나야에 오면 결혼을 할 수 있다는 미신이 있어 온 것이다. 오사카에서 온 아가씨는 '551 호라이'라는 가게의 수제 고기만두인 부타망豚まん 10개 들이(1900엔)를 선물로 내어 놓는다. 12화에서도 딸인 코코로에게 약속을 지키기 위해 코코로의 아빠가 아이스캔디를 냉동고에 사다놓는 장면이 있었는데 이 캔디를 파는 곳이 '551 호라이'다. 아이스캔디의 경우 여름에는 40여 개의 지점에서 판매되고 여름 이외의 계절에는 본점을 비롯한 주요 지점 6개 점포에서 아이스캔디를 판매하고 있다.

만두는, 본점이나 지점이 간사이 지방에만 있기 때문에 선물용으로도 많이 팔리는데 쫀득한 피와 풍성한 육즙의 고기로 유명하다. 그 외 야채는 양파만 들어간다. 유통기한이 불과 2일인 부타망은 2개에 420엔으로 빨간 종이 상자에 담아준다. 만두피가 서로 붙지 말라고 만두들 사이사이에 뭔가를 넣어준 것이 소소하지만 친절하다. 니쿠망 개수만큼 겨자 소스를 주는 것도 좋다. 만두에 겨자라니 의아할 수 있지만, 자칫 느끼할 수 있는 포인트를 잡아준다.

기본적으로 중화요리집이어서 다양한 메뉴의 도시락도 판매한다. 1층의 테이크아웃 손님이 거의 대부분이지만 2층은 줄 서기 싫은 손님들의 식당으로 인기다. 테이크아웃은 엄청 긴 줄을 서야 하므로 줄 서지 않는 2층 식당에서 먹는 것을 도리어 추천한다. 탕수육인 스부타酢豚, 해선 야키소바海鮮 焼きそば, 스라탕멘酸辣湯麺, 완탕멘ワンタン麺, 마파두부인 마보도후麻婆豆腐, 에비마요エビマヨ, 에비치리海老チリ, 깨경단인 고마단고ごま団子 등도 인기다.

설레임을 일으키는 하얀 만두의 수줍은 고백.

주소 大阪府大阪市中央区難波3-6-3 전화 06-6641-0551 영업일 11:00-21:30 (첫째 주와 셋째 주 화요일 정기휴무) 교통편 오사카시영지하철大阪市営地下鉄 미도스지선御堂筋線 난바역なんば駅 11번 출구 도보 1분

이즈우

いづう

키즈나야에 오면 결혼을 할 수 있다는 미신을 믿고 온 아가씨들 중 교토에 사는 아가씨는 선물로 이즈우의 '통 고등어초밥'인 스가타즈시姿寿司(4860엔)을 가져왔다. 종이로 길쭉하게 김밥처럼 포장이 되어 있는데 끈까지 묶여 있어 이색적이다. 이를 본 소스케는 정말 먹고 싶었던 음식이라며 감탄하고 음미한다.

다시마로 감싼 고등어초밥 사바즈시는 가게에서 먹으면 4조각에 2200엔이다. 고등어초밥만 먹기엔 아쉽다고 생각되면 고등어와 도미 혹은 고등어와 장어구이초밥 반반메뉴를 선택하면 된다. 다시마는 먹지 않는 것이 국룰이지만 직원은 먹어도 된다고 했다. 초밥이라곤 하지만 크기는 일반 초밥의 2배는 되는 듯하다. 그릇 한쪽에는 노랗게 절여져 채 썰린 생강이 나름의 반찬으로 있어 비린 맛을 느낄 가능성을 줄인다. 음식이 나오기 전 녹차가 먼저 서빙된다.

테이크아웃을 위해 대기하는 사람들을 위한 자리가 점내에 따로 마련되어 있다. 애초에 점내가 좁은데도 손님을 많이 받겠다는 의지는 없는 것 같아 마음에 든다. 게다가 한국어로 된 메뉴판이 있어 반갑다.

메뉴판에는 이 집의 트레이드마크인 토끼가 그려져 있다. 이곳의 창업은 무려 1781년. 레전드인 고등어초밥 이외에 네모난 틀에 넣어 만들어 상자초밥이라 불리는 하코즈시箱寿司도 이 집의 인기 메뉴다. 생맥주가 당길 수 있지만 일본 술과 와인만 취급한다. 내부 인테리어는 심심할 정도로 깔끔하다.

주소 京都府京都市東山区八坂新地清本町367 전화 075-561-0751 영업일 월~토 11:00-22:00 (화요일 정기휴무) 일요일, 국경일 11:00~21:00 교통편 케이한전철京阪電鉄 케이한혼선京阪本線 기온시죠역祇園四条駅 7번 출구 도보 5분

인생 첫
고등어 초밥~
생선 비린 냄새가
날 것인가?
라면……

교토 전통의 고등어초밥! 맛은 절대 비밀!

35

기온키타가와한베에

祇園北川半兵衛

기온의 남측 거리를 산책하던 간사이 지방 아가씨 3인방은 소설가 준의 추천에 잠시 쉬며 맛있는 것을 먹으러 한 가게로 들어선다. 그러다가 지슈신사地主神社에서 떨어진 손수건을 건네준 미남과 재회해 허락도 없이 합석한다. 결국 남자가 먹던 것과 똑같은 챠요미 세트茶詠み(2900엔)를 주문해 즐긴다.

이곳이 기온키타가와한베에다. 1861년 개업한 교토 우지의 차 도매점 '키타가와 한베에 상점'이 운영하는 카페다. 주인공 모두가 즐겼던 챠요미세트는 다섯 가지 차와 자그마한 디저트들을 비교하며 맛볼 수 있는 세트다. 한 입 디저트에는 양갱, 치즈케이크, 초코케이크인 가토쇼코라, 채소 절임, 콩고물 과자, 견과류 강정, 블루베리 등이 날마다 바뀌며 나오고 차는 맛챠抹茶, 센차煎茶, 호지챠ほうじ茶, 와우롱챠和烏龍茶, 와코챠和紅茶가 고정 메뉴로 나온다.

챠요미세트에 견줄만한 메뉴에는 '맛챠노데그리네죤抹茶のデグリネゾン(2800엔)'이 있는데 녹차 아이스크림과 녹차가 들어간 치즈 케이크, 녹차가 들어간 한입 쿠키 등으로 이뤄져 있다. 가격대가 가격이니만큼 줄을 설 필요는 없었고 여성 손님들이 많았다.

오래된 교토의 목조 민가를 개조해 만든 가게는 천장이 높고 2층 자리는 소파로 되어 있어 아늑하며 어두운 조명을 사용한 덕분인지 분위기가 차분하다. 덕지덕지 붙은 인테리어 없이 깔끔하다. 밤에는 차분한 바bar로 운영된다. 맛챠를 이용한 칵테일로 분위기를 느껴보는 것도 좋을 듯하다.

주소 京都府京都市東山区祇園町南側570-188 전화 075-205-0880 영업일 11:00-22:00 (비정기적으로 휴무) 교통편 케이한전철京阪電鉄 케이한혼선京阪本線 기온시죠역祇園四条駅 7번 출구 도보 7분

작전명:복잡한 기온에서
여유를 찾아라!

(terumin628 제공)

오사카성 구경을 마치고 나온 쥰과 코코로 그리고 코코로의 친구 사라가 사먹은 명물 후랑크후루토フランクフルト 판매 편의점이다. 코코로는 쿄바시에 오면 후랑크 소세지를 먹어야 하는 게 법률로 정해져 있다며 너스레를 떨었다.

본래 안스리라는 케이한그룹 운영의 편의점이었지만 이름만 바꿔서 리노베이션 했다. 여기서 파는 길이 14센티미터, 지름 2.5센티미터의 후랑크후루토 소세지구이(140엔)가 어떻게 이 역만의 명물이 되었을까 신기할 뿐이다. 하루 700개의 소세지가 팔리고 많을 때는 1000개가 팔릴 때도 있다고 하니 대단하다. 핫플레이트에 잘 구워진 소시지가 매점 카운터 위 유리 쇼케이스에 가득 들어차있다. 가장 많이 팔리는 시간은 저녁 퇴근 시간으로 직장인 남성들이 소시지와 맥주를 함께 사는 경우가 많다고 한다. 실제로 오사카에서 교토로 돌아가는 가는 늦은 저녁 이곳을 방문했는데 1분에 한 명 이상은 소시지를 사러 오거나 다 먹은 꼬치를 편의점 통에 버리러 왔다.

후랑크후루토 소세지는 머스타드 등 아무런 소스를 치지 않는 걸로 유명하다. 그렇기에 소시지의 간이 세다고 한다. 소스를 제공하지 않겠다는 결정은 소시지를 먹는 장소가 역 승강장이기 때문이다. 주변 승객들에게 소스를 묻힐 위험이 있기 때문에 생각해낸 것이기도 하단다.

정확하게 언제부터 이 소시지가 쿄바시역의 명물로 팔리기 시작했는지는 명확하지 않다고 한다. 적어도 1975년에도 팔고 있었다는 것을 보면 역사는 최소 50년은 된 것이다. 쿄바시역은 1일 17만 명의 유동인구를 자랑한다.

주소 大阪府大阪市都島区東野田町2-1-38 京阪京橋駅 교토방면 플랫폼 내 전화 06-6358-1179 영업일 07:00-22:00 교통편 케이한전철京阪電鉄 케이한혼선京阪本線 쿄바시역京橋駅 플랫폼

퇴근길
교토 직장인들의
1분 간식!

39

겟케이칸 오쿠라기념관

月桂冠大倉記念館

옛날 양조장을 기념관으로 리모델링한 겟케이칸 오쿠라 기념관에 들른 소설가 쥰. 그녀가 이곳을 둘러보는 이유는 민박집 키즈나야에 머물렀던 부부의 부탁 때문이었다. 쥰은 이곳에서 높은 천장, 오래된 간판, 우물에서 나오는 용수 등을 구경하고 술 시음도 한 뒤 매점에서 'the shot'이라는 술을 기념품으로 구매한다.

1909년에 만들어진 양조장을 활용해 만든 겟케이칸 오쿠라기념관은 지하수를 이용해 만든 니혼슈日本酒 시음이 가능하고 실제 술 구매도 가능하다. 그래서 쥰 역시 부부에게 선물하기 위해 술을 구매하는 장면이 있었다. 단순 입장료는 600엔이고 매점만 이용할 경우는 무료다. 입장료를 지불할 때는 코인 3개를 주는데 이것은 시음할 때 내면 된다.

영사실에서는 켓케이칸의 일본술 전통 제조 공정 영상을 볼 수 있다. 남전시실에서는 1637년 창업한 겟케이칸의 역사와 사료를 전시 소개하고 있다. 북전시실은 술통, 장대 등 '교토시 유형 민속문화재'로 지정된 주조 도구를 전시하고 있다. 날짜와 시간을 정해 술통을 거적으로 감싸는 실제 작업도 볼 수 있다. 야외 우물에서는 술 제조에 쓰이는 지하수를 볼 수 있다.

한편 이곳은 만화판 '교토 담뱃가게 요리코' 3권에서 요리코가 방문해 술 시음을 하던 곳으로도 등장한다.

주소 京都市伏見区南浜町247番地 전화 075-623-2056 영업일 09:30~16:00 (12월 28일~1월4일은 쉼) 교통편 케이한전철京阪電鉄 케이한혼선京阪本線 쥬쇼지마역中書島駅 북출구 도보 5분

술잔까지 선물로 받을 수 있다니….

우동 무라

うどん村

일본에서 유명한 사카모토 료마坂本 龍馬. 그와 그의 아내를 모델로 한 여로 상을 구경한 소설가 쥰은 우동을 먹으러 무라라는 가게에 찾아가 타누키우동たぬきうどん(700엔)을 즐긴다. 물론 민박집 키즈나야에 머물렀던 부부를 위한 동영상을 찍기 위함이었다. 하지만 그동안 봐왔던 타누키우동과는 다른 비주얼에 쥰은 점원을 불러 아부라아게가 토핑 됐으니 "이건 키츠네우동きつねうどん이죠?"라고 물어본다. 점원은 교토에서는 타누키우동이라 말한다며 쥰에게 친절히 설명한다.

타누키우동은 마늘을 사용하는지 마늘향이 나고 국물도 걸죽한데 요상한 중독성이 있었다. 느끼할 수 있었지만 시치미를 듬뿍 넣으니 매콤하고 좋았다. 단 반찬은 단 하나도 없다.

가게 입구에는 모자를 쓴 큰 너구리 인형이 손님을 반긴다. 실내는 전통적인 우동집이라기보단 오래된 지방의 시골 중국집 같은 느낌을 준다.

메뉴판에 음식 사진이 있어 선택이 쉽다. 카운터석이 있어 1인 여행자에게도 좋다. 여름에는 냉우동도 즐길 수 있다. 이 집의 인기 1위 메뉴는 날계란, 소힘줄, 우엉 등이 토핑된 스타미나우동スタミナうどん이다. 우동과 소바 이외에 명란젓덮밥이나 고기날달걀덮밥같은 덮밥류도 풍성하다. 면 요리는 우동면과 소바면을 바꿀 수도 있다. 메뉴에 따라서는 라멘 면으로도 선택할 수도 있는데 이는 메뉴판에 적혀 있다.

지하철역에서 내려 도보로 이동하는 것보다 버스로 이동할 것을 강력하게 추천한다.

주소 京都府京都市山科区西野山射庭ノ上町24-9 전화 075-594-7836 영업일 11:00~15:00, 18:00~22:30 (월요일 저녁, 목요일 저녁만 쉼) 교통편 교토시영지하철京都市営地下鉄 토자이선東西線 나기츠지역椥辻駅 도보 25분 / 교토역 앞 교토에키하치조구치 버스정류장에서 京都醍醐寺線301번 버스 탑승, 오이시진자 하차, 도보 2분

걸쭉한 국물에 중독!

마지카루 라군 킷친

マジカルラグーンキッチン

극의 시작부터 신나게 민박집 키즈나야의 꼬마 주인 코코로와 핑크색 악어 모양을 한 롤러코스터 라우디ラウディ(400엔, 키 120cm 이상 탑승 가능)를 히라카타파크ひらかたパーク 유원지에서 타는 소설가 쥰을 보여준다. 쥰과 코코로는 히라카타파크의 오쿠토파스파닉쿠オクトパスパニック(400엔)라는 회전 어트랙션도 만끽한다.

어트랙션을 즐기고 파크 내 식당인 마지카루 라군 킷친マジカルラグーンキッチン에서 로스카츠 카레라이스ロースカツカレーライス인 마지카루라이스マジカルライス(1350엔)를 먹으려던 코코로. 하지만 다 팔려서 먹지 못하고 내년 코코로의 생일을 기약하자며 식당을 나선다. 마지카루 라군 킷친은 수제 파스타와 수제 피자를 자랑하는 히라카타파크내의 음식점이다.

히라카타파크 입구 안내소에서는 지도 한 장을 챙기자. 지도 한 장이면 만사 ok. 관람차인 스카이워커, 사이클모노레일, 롤러코스터, 자이언트드롭, 4d 입체시어터, 귀신의 집, 어드벤처 사파리를 비롯해 40여개의 아기자기한 어트랙션이 기다리고 있다. 폼폼푸린 같은 산리오 캐릭터 얼굴이 들어간 찻잔에 탑승하는 초딩 저격 놀이기구도 있다. 입장권은 1800엔이다. 로손 편의점에서 구매하면 200엔 할인 받을 수 있다.

주소 大阪府枚方市枚方公園町1-1 전화 0570-016-855 영업일 10:00-17:00 (계절에 따라 영업시간 다름) 교통편 케이한전철京阪電鉄 케이한혼선京阪本線 히라카타코엔역枚方公園駅 2번 출구 도보 10분

마술같은 돈카츠 카레에 혀를 맡겨라.

(basashi003 제공)

Kansai

『미야코가 교토에 떴다』 속
그곳은…!

ミヤコが京都にやって来た

아내와 이혼하고 교토에서 의사로 일하며 지내는 중년의 남성 키쿠치. 동네 목욕탕에서 목욕을 마치고 나와 자전거를 타려고 하던 중 캐리어를 끄는 한 여자를 만난다. 그녀는 12년 전 헤어졌던 딸 미야코였다. 어엿한 성인이 돼 아빠에게 찾아온 미야코. 그녀가 대학교도 가지 않고 아빠인 키쿠치 집에 눌러앉아 살면서 벌어지는 교토에서의 힐링스토리가 시작된다.

마스가타야

満寿形屋

중년의 의사 키쿠치와 그의 딸 미야코가 상점가를 구경하다가 고등어초밥인 사바즈시鯖寿司를 산 가게다. 두 사람은 카모가와鴨川 강의 경치가 좋은 카모가와데르타鴨川デルタ 벤치에서 고등어초밥을 나누어 먹는다. 12년만에 만난 딸 미야코가 고등어초밥을 먹는 것을 빤히 바라보는 아빠 키쿠치는 딸이 맛있게 먹는 모습만으로도 흐뭇해했다. 미야코는 사실 봄에 교토대학교에 지원했을 때 아빠를 봤지만 놀라서 말을 걸지 못했다고 고백한다.

주인공들이 구매한 고등어 초밥을 파는 마스가타야는 마스가타 상점가桝形商店街에 위치해 있다. 가게 밖 영업중임을 알리는 노렌에는 고등어 그림이 커다랗게 그려져 있다. 주인공처럼 테이크 아웃이 가능한 점이 반갑다. 주인공처럼 가게에서 도보 5분 거리의 카모가와데르타 벤치에 앉아 먹으면 최고의 맛과 풍경이 될 듯하다. 마스가타야에서 가장 인기 메뉴는 고등어초밥 2개와 우동이 함께 나오는 세트鯖寿司うどんセット다. 가격이 있는 고등어초밥은 간단하게 2점을 맛보고 우동으로 저렴하게 배를 채울 수 있어 일석이조다. 고등어초밥 위에 새싹 잎을 올려주는 것이 이 집의 포인트다. 창업한 지 어느덧 100년이 된 가게다. 지방이 잘 오른 고등어에 지하수로 지은 밥이 이 집의 비결이라고 한다.

마스가타야는 애니메이션 '타마코마켓' 2화에서 상점가 사람이 발렌타인 치카라우동을 먹던 미야코 우동집으로도 등장했다. 극 중에 등장한 발렌타인데이 기념 치카라우동이라는 우동은 실재하지 않지만 우동은 팔고 있다.

주소 京都府京都市上京区桝形通出町西入ル二神町179 전화 075-231-4209 영업일 12:00-18:00 (수요일 정기휴무) 교통편 케이한전철京阪電鉄 오토선鴨東線 데마치야나기역出町柳駅 5번 출구 도보 5분

고등어 초밥과
우동 세트의 가성비!

쿄노오반자이 와라지테이

京のおばんざい わらじ亭

의사인 키쿠치가 왕진하러 자주 가는 단골 할머니 밥집으로 등장한 곳이다. 실제 점포명 그대로 등장한다. 2화에서는 딸 미야코를 음식점 할머니에게 소개하기 위해 데려왔고 4화에서는 미야코가 파트너 앤서니에게 먹이기 위해 미리 이곳의 음식을 먹으러 왔었다. 미야코는 콩비지인 오카라おから를 먹고 맛있다며 기뻐한다. 참고로 이곳의 콩비지는 10월에서 4월 사이에만 먹을 수 있는 기간 한정 메뉴다.

와라지테이는 일본 가정에서 먹는 일반 반찬들을 만날 수 있는 가게다. 일반 반찬이라고 하지만 교토의 제철 채소를 사용하는 정성이 들어간 자극적이지 않은 녀석들이다. 수십 가지 반찬이 자기 그릇에 담겨 카운터석에 쭉욱 진열되어 있다. 통옥수수, 생강초절임, 가지, 꼴뚜기, 무조림, 멸치, 베이컨, 오이, 방어 데리야키, 새싹 튀김, 생선 튀김 등이다.

개인적으로 즐긴 음식은 간판 메뉴인 오카라를 비롯해 부추가 들어간 동그랑땡같은 니라만쥬=ㅋ饅頭, 오징어샐러드인 이카사라다イカサラダ, 새싹 튀김이라 할 수 있는 세리텐せり天 등이었는데 모두 흡족한 맛이었다.

1975년 창업한 가게로 초대 점주는 현재 점주인 카나코씨의 어머니였다. 초대 점주는 편안히 쉬라는 의미를 담아 가게 이름을 지었다고 한다. 점내에는 와라지테이가 등장한 드라마인 '과수연의 여자' 드라마 포스터가 시즌이 다른 버전으로 두 장이나 따로 붙어 있다. 참고로 '과수연의 여자' 시즌 21 1화에서는 과학수사연구소의 연구원 마리코가 전 남편이자 현재 경찰청에서 형사지도연락실 실장으로 일하고 있는 쿠라하시와 함께 술을 기울이며 살인사건에 대해 이야기 하던 가게로 와라지테이가 등장했다. 드라마의 포스터에 주연배우 사와구치 야스코沢口靖子의 친필 사인이 들어가 있는 점이 탐난다.

교토, 진정한 가정식을 만나다.

주소 京都府京都市中京区壬生東大竹町14 전화 075-801-9685 영업일 17:00-22：30 (일요일, 국경일 정기휴무) 교통편 한큐전철阪急電鉄 교토선京都線 사이인역西院駅 북출구 도보 7분 / 교토시영지하철京都市営地下鉄 토자이선東西線 니시오지오이케역西大路御池駅 7번 출구 도보 7분

후나오카온천

船岡温泉

집에서 목욕하기가 민망한 키쿠치와 딸 미야코가 길고 피곤한 하루였지만 하루를 마무리하며 만족감을 느낀 목욕탕이다. 딸과 12년 만에 만나는 일이 있기 전, 의사 키쿠치는 이곳 목욕탕의 바위탕에서 물을 튀기며 한 때를 보내다가 쓰러진 환자를 위해 잠시 숨과 맥박을 확인하기도 했다. 그러한 덕분에 키쿠치는 목욕탕 직원으로부터 병 우유(130엔) 하나를 얻었다. 주인공처럼 필자도 우유 하나를 입구의 할머니에게서 구매해 음미했다.

주인공 뒤로 전기목욕이라는 문구가 붙여진 걸 볼 수 있다. 온천 자체가 100년의 역사를 가지고 있어서인지 국가지정 유형문화재. 온천이라는 말이 들어가서 대단히 광대한 온천시설 같지만 그냥 동네의 목욕탕보다 조금 크고 유니크한 감성의 옛 느낌 목욕탕일 뿐이다. 490엔의 입욕료는 그래도 친절하다. 자그마한 노천탕이 있는 점도 좋다. 샴푸, 린스, 면도기, 칫솔이 각 30엔인 건 좋은데 흡수력이 좋지 못한 작은 수건을 200엔에 구매해야 하는 점은 여행자들에게 거추장스럽다.

나무로 만든 신발장 열쇠가 세월을 말해 준다. 탈의실과 탕 입구는 화려한 타일이 이색적이다. 일본의 목욕탕들이 그렇듯 여탕과 남탕이 벽으로 나눠져 있지만 천장이 뚫려 있어 서로의 소리가 들린다. 보통의 일본 목욕탕과는 다르게 문신한 사람의 입장을 허용해 인근에 사는 문신 아저씨들은 다 모인 모양새다.

만화판 '교토 담뱃가게 요리코' 5권에서는 요리코가 여행자 3인방에게 느긋하게 목욕을 즐기라며 추천해준 등록유형문화재 목욕탕으로 등장한다.

주소 京都府京都市北区紫野南舟岡町82-1 전화 075-441-3735 영업일 월~토 15: 00-25:00 일요일 08:00-25:00 교통편 교토시영지하철京都市営地下鉄 카라스마선烏丸線 쿠라마구치역鞍馬口駅 도보 20분 / 교토 역 앞 교토에키마에 버스정류장에서 市営206乙 버스 (센본도리 · 교토스이조쿠칸 · 기타오지버스터미널행) 탑승 33분 소요, 千本鞍馬口버스 정류장 하차, 도보 5분

목욕 후 하얀 우유는 국룰!

미나토야 유레이코소다테아메 혼포

みなとや 幽霊子育飴 本舗

카페의 여자가 다급한 환자가 있다고 가보니 사람이 아니라 어이없게도 화분이었다. 키쿠치는 자전거에 아픈 화분을 싣고 가다가 딸이 궁금해하는 사탕집 앞에 멈춰서 이 집 사탕에 얽힌 전설을 이야기한다. 그 전설인 즉, 1599년 임신한 채 죽은 여인이 무덤에서 아이를 낳았는데 유령이 되어 밤마다 이곳 미나토야에서 사탕을 사 아이에게 먹였고 그 아이는 자라서 스님이 되었다는 이야기다. 아버지 키쿠치는 호러스럽다는 딸에게 '부모 자식의 인연'에 관한 것이라고 덧붙인다. 이러한 전설이 전해져 내려오는 사탕집 미나토야의 역사는 450년을 넘는다. 현재는 20대째 주인이 운영하고 있을 정도다.

드라마에서 아버지 키쿠치는 딸에게 몸은 죽었지만 유령이 되어서도 아이를 끝까지 키우고 싶었던 모성에 관한 이야기를 하고 싶었던 모양이다. 그래서인지 꼬마들과 부모들의 방문이 많았다. 참고로 사탕을 사면 한글로 사탕 유래를 적은 종이를 주신다. 카운터에는 시식할 수 있게 투명하고 네모난 그릇에 사탕이 담겨있는데 주인장이 시식을 권하기도 한다.

우리가 맛볼 디저트는 귀신이 아이에게 먹였던 사탕이다. 네모난 호박색 사탕이 잔뜩 든 작은 한 봉지가 500엔이다. 귀신이야기가 전설로 내려오는 데다가 포장지가 하필 새빨간 색이라 뭔가 으스스하다. 공산품이 아닌 이곳의 수제 사탕은 심하게 달지 않고 이에 달라붙는 진득한 스타일이 아니라서 여름만 아니라면 교토를 거닐며 간편하게 먹기 좋다.

주소 京都府京都市東山区松原通大和大路東入ル 전화 075-561-0321 영업일 10:00~16:00 (연중무휴) 교통편 케이한전철京阪電鉄 케이한혼선京阪本線 키요미즈고죠역清水五条駅 5번 출구 도보 10분

영화 '파묘'가 생각나는 오싹한 사탕 가게.

유메야

夢屋

키쿠치가 밤늦게 돌아온 딸 미야코에게 배고프지 않냐며 데리고 간 오코노미야키 가게다. 부녀는 숙주구이인 모야시야키もやし焼き (530엔)와 소힘줄철판구이인 스지텟판야키すじ鉄板焼き(750엔) 그리고 파계란구이인 네기타마ねぎたま(1430엔)를 즐기는 한편, 먹는 방법에 대해 즐겁게 티격태격한다.

주인공들이 먹은 일품요리 모야시야키에는 가게의 비법 소스인 폰즈ポン酢가 들어가 있다. 소힘줄철판구이는 천천히 졸인 소고기를 가게의 비법 양념으로 구운 녀석으로 가게의 인기 메뉴다. 오코노미야키의 하나인 네기타마는 유메야에서는 믹쿠스네기타마ミックスねぎ玉라는 메뉴로 팔리고 있다.

빨간색 낡은 테이블이 시간의 흐름을 보여 준다. 가게는 낮은 오픈주방이라 사장 내외가 오코노미야키 굽는 모습을 실시간으로 구경할 수 있다. 대표 메뉴인 오코노미야키 뿐만 아니라 야키소바도 상당한 인기를 자랑한다. 다만 손님들의 테이블은 데우는 정도의 용도일 뿐, 식사는 사장님 내외분이 직접 만들어서 손님 철판에 옮겨 준다. 그래서 시간이 다소 걸릴 수 있다. 벽에는 연예인들의 사인이 가득하다.

재료가 떨어지면 일찍 문을 닫는다. 1인 손님은 점내로 받지 않으므로 혼자라면 테이크아웃하자. 2인 이상이어도 반드시 예약을 하고 방문하길 바란다. 점내 흡연이 가능한 점도 아쉽다. 가게에 드라마의 로케이션 맵이 붙어 있어 드라마 팬들에게는 구경거리다.

주소 京都府京都市左京区孫橋町1 전화 075-751-9645 영업일 17:00-20:30 (수요일 정기휴무) 교통편 케이한전철京阪電鉄 케이한혼선京阪本線, 오토선鴨東線 三条 5·8·11번 출구 도보 5분 / 교토시영지하철京都市営地下鉄 토자이선東西線 교토시야쿠쇼마에역京都市役所前駅 2번 출구 도보 8분

테이크아웃을 노려라.

(kazuking999999 제공)

마루키 제빵소

まるき製パン所

미야코는 마루키제빵소의 빵을 소개하며 동영상을 찍는다. 하지만 뒤에 기다리는 사람이 많아 민폐가 될까봐 아버지 키쿠치는 딸 미야코에게 한 소리 하게 된다. 여러 종류의 빵을 구매해 가지고 돌아와 집에서 나눠 먹으며 키쿠치는 딸 미야코에게 왜 빵집 동영상을 찍었는지 묻는다. 미야코는 외국인 친구에게 보내줄 영상이라고 설명한다. 키쿠치의 친구 준페이가 찾아와 셋이 마루키제빵소의 빵을 나눠먹게 된다.

일본 100대 빵집에 최근 몇 년간 계속 뽑힐 정도로 인기 있는 빵집이다. 가늘고 기다란 쫄깃한 빵 사이에 햄이 들어간 하무로루ハムロール(190엔), 코롯케로루コロッケロール(240엔), 생선튀김 버거인 횟슈바가フィッシュバーガー(270엔), 오믈렛이 들어간 오무레츠로루オムレツロール(240엔), 비엔나소시지가 들어간 윈나독그ウィンナードッグ(240엔), 샐러드가 들어간 사라다로루サラダロール(240엔), 닭고기가 들어간 테리치키로루テリチキロール(280엔), 팥이 들어간 앙팡アンパン(170엔), 크림이 들어간 크리무빵クリームパン(160엔), 초콜릿이 들어간 초코레토빵チョコレートパン(160엔), 땅콩크림이 들어간 피나츠크리무ピーナックリーム(150엔), 밀크아몬드가 들어간 미루쿠아몬도ミルクアーモンド(150엔), 잼이 들어간 쟈무빵ジャムパン(150엔), 돈카츠가 들어간 카츠로루カツロール(240엔) 등이 인기절정이다. 이 자그마한 동네 빵집에 안쪽으로 직원이 대략 10명은 되는 듯 보인다. 한국의 프랜차이즈 빵 가격과 맛에 질린 사람에게 영혼의 파트너가 되어 줄 빵집이다. 아침부터 오픈 전 행렬이 대단하다.

주소 京都府京都市下京区松原通堀川西入ル 전화 075-821-9683 영업일 화~토 06:30-20:00 일요일, 국경일 06:30-14:00 (월요일 정기휴무) 교통편 케이후쿠전철京福電鉄 아라시야마혼선嵐山本線 시죠오미야역四条大宮駅 2B출구 도보 8분

빵을 위해 새벽 6시부터 줄 서는 제빵소.

카자리야

かざりや

이마미야신사今宮神社를 구경한 키쿠치와 미야코가 아부리모찌ぁぶ
り餅를 즐긴 가게다. 드라마에서는 할머니 두 분이 정성스레 떡을
굽고 있는 장면을 천천히 보여 줬다.

주인공 키쿠치와 미야코처럼 점내에서 먹고 갈 수 있는 떡 1인
분과 녹차 세트가 600엔이다. 1인분에 약 11개 정도의 떡꼬치가
나온다. 아부리모찌의 포장주문은 최소 3인분부터라 도리어 부
담이다. 수수와 쌀로 만든 떡은 인절미를 구운 맛이고 그릇의 걸
쭉하고 하얀 소스는 일본식 된장의 고소함과 설탕의 단맛이 은은
하게 난다. 떡은 점두에서 할머니들이 숯불에 구운 녀석이다. 숯불
을 굽는 안쪽에서는 열심히 떡을 꼬치에 꽂는 분들이 계신다.

아부리모찌를 먹는다면 노상 자리도 좋지만 일본식 다다미방이
정갈하게 마련되어 있으니 이곳에서 느긋하게 즐기는 것도 좋을
것이다. 무려 1637년에 문을 연 가게로, 아부리모찌는 일본에서
액을 막아주는 간식으로 사랑받고 있다.

더불어 이 가게는 드라마 '카모 교토에 가다' 1화에서도 등장한
다. 교토에 내려와 돌아가신 어머니가 운영하시던 료칸旅館의 운
영 상태를 보고 황당해진 카모의 곁에 갑자기 와이즈컨설팅의
전문가 키누카와가 접근해 료칸에 빚이 3억 엔이나 있다는 사실
을 알리며 이곳의 맛있는 간식 아부리모찌도 소개해 주었다. 이
곳의 역사는 1000년이 넘는다고 키누카와가 설명하기도 했다.

주소 京都府京都市北区紫野今宮町96 전화 075-491-9402 영업일 10:00-17:30 (수
요일 정기휴무) 교통편 교토시영지하철京都市営地下鉄 카라스마선烏丸線 키타오지역北大路駅 1
번 출구 도보 20분

가래떡을 구워주던 어머니가 생각나는 떡집.

아마이로코히토타이야키

あまいろ コーヒーとたい焼き

키쿠치의 친구인 쥰페이의 동영상 제작을 도와주고 난 후 동그란 타이야키たい焼き를 사서 딸 미야코와 아버지 키쿠치가 하나씩 나눠 먹은 가게다. 참고로 타이는 바닷물고기인 돔을 뜻한다. 당연히 돔은 들어가지 않는다. 빵 만드는 레시피는 쿠마모토현熊本県 아마쿠사시天草市에 있는 마루킨제과まるきん製菓의 레시피와 같다.

완전히 동그란 모양인 이집 타이야키의 가격은 개당 250엔으로 맛은 3종류다. 가장 기본인 츠브앙 팥つぶあん을 비롯 카스타드맛 カスタード, 팥과 카스타드를 함께 맛볼 수 있는 믹스 맛ミックス이 있다. 어째서 가게 이름이 '커피コーヒー와 붕어빵たい焼き'인지 알 것 같다. 다소 쓴 커피의 맛을 타이야키의 달달함이 가셔주기 때문이다. 커피의 쌉쓸함을 좋아하는 사람이라면 반대로 타이야키를 먹고 커피로 단맛을 씻어내면 좋은 궁합이다.

타이야키 한 개와 한 잔의 커피 세트가 500엔으로 저렴하다. 커피만 단품으로 즐긴다면 350엔이다. 가격은 다르지만 카훼오레, 소다음료, 홍차, 호지차, 애플쥬스 등과의 세트도 있다. 미리 만들어 놓지 않고 주문하면 만들기 때문에 시간은 조금 소요되지만 따끈한 녀석을 만날 수 있기에 대기 시간은 아깝지 않다.

2018년 개업한 이 가게는 신경 쓰지 않으면 무심코 지나칠 정도로 작은 골목에 있어서 골목 입구에 작은 입간판을 세워두고 있다. 재즈가 흐르는 점내에서 커피와 함께 즐기면 더욱 좋을 것이다. 소금이나 타이야키 그림이 들어간 오리지널 커피보틀, 가방도 판매하고 있다. 미야코가 교토에 떴다 드라마의 촬영지 지도가 창에 붙어 있다.

주소 京都府京都市下京区釘隠町242 영업일 월, 수, 목, 금 12:00~18:30 토, 일, 국경일 11:30~18:00 (화요일은 쉼, 월요일은 부정기적 휴무) 교통편 교토시영지하철京都市営地下鉄 카라스마선烏丸線 시죠역四条駅 6번 출구 도보 3분

달콤한 타이야키와 쌉쌀한 커피의 술래잡기.

데아히차야 오센

出逢ひ茶屋 おせん

의사 키쿠치가 왕진을 갔다가 마침 밥집이어서 진찰 댓가로 반
찬을 얻어온 음식점이다. 키쿠치는 반찬을 가지고 집으로 돌아
가 미야코와 함께 밥을 먹었다. 추후에 미야코는 두부 가게에서
아르바이트를 하면서는 두부를 배달하러 이 가게에 오기도 했고
3화에서는 아빠에 대한 걱정으로 아예 이곳에서 홀로 술을 먹으
며 음식점 주인에게 조언을 듣기도 한다.

이 집에서 가장 유명한 명물은 유부, 파, 김이 잔뜩 들어간 타누
키고항たぬきごはん(660엔)이다. 물론 일반 가정식 반찬이 메인으로,
반찬들이 카운터석에 쭉 진열되어 있다. 실물을 보고 고를 수 있
는 좋은 가게다. 반찬의 종류에는 가지치즈구이賀茂茄子のチーズ焼き,
돼지고기조림豚角煮(980엔), 밀기울과 장어조림生麩と穴子のうま煮(980엔),
감자와 문어와 호박의 한입 반찬いもたこなんきん, 문어조림蛸柔らか煮,
밀기울 치즈구이生麩のチーズ焼き, 닭 소금구이地鶏塩焼(1080엔), 닭 된장
구이地鶏西京焼き, 오리로스鴨ロース(880엔), 장어초밥鱧寿司, 야채튀김野菜
の天ぷら(1080엔), 감자조림, 방어회, 카라아게唐揚げ(880엔) 등의 메뉴가
있다. 가장 합리적인 것은 반찬 5종에 메인 요리 하나를 선택해
만날 수 있는 런치인 오반자이 5종 세트おばん菜5種セット다. 일본의
평범한 식당이나 술집들이 그렇듯 저녁식사는 점심에 비해 비싸
므로 되도록 점심을 이용하도록 하자.

주소 京都府京都市中京区木屋町通蛸薬師西入る備前島町307-1 전화 075-231-
1313 영업일 12:00-13:30, 17:00-22:00 (수요일 정기휴무) 교통편 케이한전철京阪電鉄 케이
한혼선京阪本線 기온시죠역祇園四条駅 4번 출구 도보 10분 / 한큐阪急 교토선京都線 카와라마치
역河原町駅 1A출구 도보 7분

작고 정갈한 가게에서 교토의 반찬을 만나다!

(tabo_gurume 제공)

이리야마 두부점

入山豆腐店

미야코가 잠시 아르바이트를 하던 두부점으로 등장한 가게다. 카메라는 미야코와 점원들이 히로우스를 튀기거나 두부 국물을 짜고 와플인 톱후루toffle(280엔)를 정리하는 모습을 마치 광고하는 것처럼 자세히 그리고 천천히 보여줬다. 고소한 맛이 특징인 톱후루는 두부인 '토후'와 와플의 합성어다. 콩에서 두유를 짜고 남은 찌꺼기로 만든다.

한편 드라마에서 뚱뚱한 점원은 미야코에게 일본식 순두부인 키누코시きぬこし(280엔) 한 그릇을 권하는데 미야코는 교토의 맛있는 물이 잘 배어 있다고 평가해 점원을 기쁘게 했다. 그래서인지 점원은 미야코와 키쿠치가 먹을 수 있도록 두부, 튀김, 두부로 만든 완자인 히로우스ひろうす까지 세 종류를 한 봉지 챙겨줬다. 미야코가 먹었던 키누코시나 선물로 받은 히로우스 모두 실제로 이집에서 판매한다.

가게는 무려 1829년에 시작됐다. 현재는 8대 주인 아저씨인 이리야마 타카유키씨가 가업을 잇고 있다. 옛날 방식 그대로 새벽 4시에 아궁이에 장작불을 넣어 콩을 삶는데 현재 교토에서 이렇게 두부를 만드는 곳은 이곳이 유일하다고 한다. 공업고등학교를 졸업하고 시스템 엔지니어로 일하다가 아버지가 치매에 걸리시면서 잇게 되었다고 한다. 40세가 될 무렵 손님의 소개로 만난 부인(2018년 암으로 별세)과 함께 순두부, 두유, 두부 반찬 등 새로운 메뉴를 만들게 되었다고 한다.

주소 京都府京都市上京区西山崎町242 전화 075-241-2339 영업일 09:30-18:00 (일요일 정기휴무) 교통편 교토시영지하철京都市営地下鉄 카라스마선烏丸線 마루타마치역丸太町駅 2번 출구 도보 10분

쫀득한 두부와플에 누워 잠들고 싶어라.

타코토켄타로 파토2

タコとケンタロー パート2

지나가는 의사 키쿠치에게 반값에 타코야키를 먹어보라고 권했지만 정신이 나간 듯한 키쿠치는 제대로 듣지 못하고 무시하며 지나가 타코야키 주인을 소리 지르게 만든 가게다.

2021년 4월에 마스가타상점가桝形商店街 길모퉁이에 오픈한 따끈따끈한 가게다. 가게 간판에 정작 가게 이름은 작게 있고 메인 간판에 '타코야키'라고만 써져 있어 아쉽다. 아이와 문어가 앉아서 손을 맞잡고 노는 듯한 가게의 브랜드 그림은 재밌다. 점내에서 먹을 장소는 없지만 가게 점두에 간이 의자와 테이블이 두 개 정도 있다. 병 탄산음료가 누워 있는 코카콜라 냉장고가 신기하다. 반죽에 계란을 많이 넣고 가다랑어국물로 간을 한 것이 특징이라는 이 가게의 큼지막한 타코야키는 6개 460엔, 8개 500엔이다. 매운 소스, 데미그라스 소스, 간장 소스, 된장 양념 소스みそ 入れ, 소금 양념 소스塩だれ 등이 있는데 소스 선택에 따라 마요네즈와 파래 그리고 가다랑어포가 토핑되기도 한다. 마요네즈는 호불호가 있어서인지 미리 넣을지 물어봐주었다.

타코야키를 한 입에 다 넣고 씹었다가는 입천장이 다 까지는 불상사가 일어날 수 있으니 조심하자. 타코토켄타로 파토2는 지점으로, 교토대학교 근처에 있는 본점에 가면 30여 종의 요상한 이름을 가진 타코야키 메뉴를 만날 수 있다.

주소 京都府京都市上京区一真町65-5 전화 075-366-4949 영업일 11:00~19:00 (부정기적 휴무) 교통편 케이한전철京阪電鉄 오토선鴨東線 데마치야나기역出町柳 5번 출구 도보 6분

아 뜨거! 필자처럼 입천장 까지지 않기를.

로빈손 카라스마

ロビンソン烏丸

미야코는 빨간 빙수를, 양조장의 4대째 주인이자 키쿠치의 친구 쥰페이는 아이스크림과 떡 등이 들어간 디저트를 먹으며 사치코 그리고 키쿠치에 대해 이야기하던 곳이다. 참고로 사치코는 미야코의 아빠인 키쿠치가 좋아했던 여자다.

각종 쇼트케이크, 여러 종류의 파스타, 피자, 디저트류 등이 인기인 이탈리아풍 레스토랑이다. 건물 외관은 마치 까마귀성같은 모습으로 검은데 그러고 보니 마침 가게 이름에 까마귀를 뜻하는 한자가 들어간다. 정작 안에 들어가 보면 벽이며 테이블이며 새빨갛다. 천장이 높아 개방감이 넘친다. 미야코와 쥰페이가 앉은 자리는 나무로 엮어 만든 소파 그리고 바깥 정원이 보이는 특등석이다. 가게 2층도 있는데 일본에서는 직원이 안내하는 곳으로 앉아야 한다.

런치 메뉴를 주문하고 있으면 빵 바구니를 들고 돌아다니는 직원이 빵은 무료이니 먹고 싶은 만큼 고르라고 한다. 모두 직접 만든 빵이다. 이 빵 무제한을 즐기려면 11:30에서 15:00 사이에 방문해 런치메뉴를 즐기면 된다. 녹차팥빵, 소금빵, 소금초코빵, 메론빵, 포테토사라다빵, , 크랜베리빵, 크로와상, 베이컨머스타드빵, 단호박빵, 카레빵, 깨치즈빵, 시나몬롤 등 매일 바뀌는 빵들이 있다.

주소 京都府京都市下京区 仏光寺通烏丸西入釘隠町238, 240 전화 075-353-9707 영업일 11:30-15:00, 17:30-21:00 (연중무휴) 교통편 교토시영지하철京都市営地下鉄 카라스마선烏丸線 시죠역四条駅 6번 출구 도보 2분

빵들아! 기다려라! 형이 간다!

...

Kansai

『잠시 교토에 살아 보았다』 속
그곳은…!

ちょこっと京都に住んでみた

일을 그만 둔 상태에서 어머니의 부탁으로 교토에 계신 할아버지의 몸 상태를 보러 간 주인공 카나. 어렸을 적 수학여행 이후 처음 와 본 교토였다. 다행히 할아버지는 새끼손 가락만 다친 상태. 할아버지는 손녀 카나에게 많은 가게를 들르는 심부름을 시킨다. 카 나는 슈퍼에 들르면 한꺼번에 끝날 텐데 하고 귀찮아하지만 도리어 교토의 차분한 거리 와 상점의 매력을 자전거를 타며 차근차근 둘러볼 수 있게 된다.

쿄도후 토요우케야 야마모토 본점

京豆腐 とようけ屋 山本本店

고소한 냄새에 이끌린 카나는 자전거를 세우고 고소한 냄새와 엄청난 크기의 두부 튀김인 오아게(259엔, 아부라아게)에 시선이 멈춘다. 두부를 만들어 두껍게 썰고 튀기는 것까지 기계를 쓰지 않고 사람이 되도록 만들고 있는 모습을 보고 카나는 신선한 충격을 받는다. 주인장의 친절한 설명을 들은 카나는 오아게 한 봉지를 구매한 후 자전거를 타고 발길을 돌렸다.

보통의 두부와 소프트두부인 소후토도후ソフト豆腐 그리고 깨두부인 고마도후胡麻豆腐를 기본으로, 두유 요구르트인 토뉴요구루토豆乳ヨーグルト(184엔), 유자두부인 유즈도후柚子豆腐, 차조기두부인 아오지소도후青紫蘇豆腐같은 특이한 메뉴도 있다. 두유 요구르트는 점도가 진득했고 맛은 환상적이었다. 한국에서 대박을 낼 맛이었다. 점두의 유리 쇼케이스에는 여러 메뉴가 가득 들어있다. 이곳의 창업은 1897년의 일로 현재는 3대째 주인인 야마모토 쿠니요시씨가 운영 중이다. 야마모토 앞에 붙은 '토요우케'는 이세신궁의 제신으로, 음식과 곡물의 신으로 알려져서 붙였다고 한다. 한창 두부가게가 생겨나던 전쟁 후, 야마모토라는 이름의 두부집이 주변에 4개나 있어 다른 가게와의 차별성을 위해 붙인 것이기도 하단다.

이곳의 두부를 사용한 음식을 만끽하고 싶다면 토요우케챠야とようけ茶屋(京都府京都市上京区今出川通御前西入ル紙屋川町822, 075-462-3662, 점심 11 : 00 ~14 : 30 (목요일은 쉼)) 라는 곳을 방문하면 좋을 것이다. 두부덮밥, 유바덮밥, 밀기울덮밥, 연두부, 두유요구르트 등 오리지널 음식을 맛볼 수 있기 때문이다. 이는 토요우케야 야마모토가 운영하는 음식점이기에 가능하다. 두부 가게의 확장성을 고민하다가 두부음식을 맛보게 하고 싶어 1992년 문을 연 곳이 토요우케챠야다.

감동! 대박! 두유 요구르트를 위한 찬양 시.

주소 京都府京都市上京区七本松通一条上る滝ケ鼻町429-5 전화 075-462-1315 영업일 07:00-18:00 (연말연시, 오봉만 휴무) 교통편 케이후쿠전철京福電鉄 키타노선北野線 키타노하쿠바이쵸역北野白梅町駅 도보 10분

후우카 부쵸마에 본점

麩嘉 府庁前本店

할아버지로부터 나시노키 신사梨木神社에서 물을 떠오는 참에 커피콩도 사오라는 심부름을 부탁받은 카나는 신사에서 참배 후 물을 뜨고 바로 손바닥에 모아 마시기도 한다. 그러다가 주변을 청소하며 물을 소중히 지키는 자원봉사자의 이야기를 들으며 감동을 받는다. 참고로 이 물을 마시면 장수한다는 전설이 있다고 한다. 그렇게 목을 축인 카나는 또 다른 물을 받으러 한 가게에 도착한다. 그곳이 바로 후우카 바로 옆에 있는 시게노이 우물물이었다. 후우카는 수돗물보다 시게노이의 우물물로 차를 끓이면 맛있어서 이 물을 사용한다고 한다. 카나 역시 물맛이 부드럽다면서 미소를 지었다. 우물물이지만 주차장 좌측에 있는 수도꼭지로 나오는 점이 재밌다. 카나는 후만쥬를 안에서 드셔보시는 건 어떠냐는 주인의 추천을 받아 점내에서 후만쥬라는 간식을 먹으며 여주인과 대화를 나눈다.

후만쥬麩饅頭는 조릿대 이파리에 쌓인 떡 비슷한 식감의 쫀득한 만쥬다. 안에는 팥이 들어가 있어 달콤하다. 후만쥬 겉에 참기름을 바른 것도 아닌데 입 안에서 매우 미끄럽게 움직였다. 후만쥬는 1개에 240엔이다. 5개를 포장한 선물용은 1200엔이다.

후우카는 밀기울 간식인 나마후生麩 전문점이다. 3월과 4월에는 유자소가 들어간 만쥬가 기간 한정으로 판매된다. 기본적으로 전날 예약해야 먹을 수 있다. 다만 당일 갑작스럽게 방문해서 1~2개 먹고 싶다고 점원에게 전하면 대부분 차와 함께 정중히 내어 온다. 대기하는 자리에 앉아서 먹고 마시면 된다. 이곳 점원의 접객은 정평이 나 있다.

주소 京都府京都市上京区西洞院堪木町上ル東裏辻町413 영업일 09:00~17:00 (월요일, 마지막 주 일요일 정기휴무) 교통편 교토시영지하철京都市営地下鉄 카라스마선烏丸線 마루타마치역丸太町駅 2번 출구 도보 7분

미끄덩거리는 떡! 데굴데굴 잘도 돈다.

위퀜다즈코히 토미노코지

weekenders coffee 富小路

SP

비를 뚫고 자전거를 끌며 도착한 커피콩 가게에 도착한 카나는 유리병의 향을 맡아보고 결정하라는 점원의 말을 듣고 여러 향을 맡아 보며 좋은 향과 맛에 행복해한다. 그녀는 파나마, 콜롬비아, 에티오피아, 과테말라, 페루, 케냐 등의 원두 중에 온두라스 커피향을 맡고는 처음 경험하는 향기라며 100그램(723엔)을 구매한다. 직원은 온두라스 원두가 산미 뿐 아니라 단맛이 있는 것이 특징이라고 카나에게 설명해줬다.

이곳의 커피 원두는 카네코 마사히로 주인아저씨가 생산지에서 직접 매입한다. 카푸치노カプチーノ(500엔), 카훼라테カフェラテ(550엔), 아이스코히アイスコーヒー(570엔), 아이스카훼라테アイスカフェラテ(550엔) 등의 메뉴가 있다. 커피 보틀도 판매하고 있지만 가격은 매우 고가다. 가게는 주택가의 주차장 끝자락에 있다. 점내에서의 휴식이나 커피 마시기는 불가하고 가게 앞에서 즐겨야 한다. 가게 왼편에 있는 벤치마저 한 사람만 앉을 수 있고, 그 외에는 낮은 돌담 경계석 2곳에 겨우 앉을 수 있다. 가게 위치는 주인아저씨가 아침 조깅을 하면서 물색해 겨우 찾아낸 장소라고 한다. 일부러 이렇게 서서 마시게 해서 주변사람들과 이야기할 수 있는 곳을 찾아냈다고 한다.

주인아저씨는 학창시절 아버지와 찻집을 다니는 것이 일상이었고 그래서 카페에서 아르바이트를 한 적도 있다고 한다. 그러다가 '세계 바리스타 챔피언십' 준우승에 빛나는 일본인의 카페에서 에스프레소를 마시고 감동받아 직접 카페를 운영하게 됐다고 한다. 외국인들도 검색해서 올 만큼 대단한 인기를 가진 카페다.

주소 京都府京都市中京区富小路六角下ル西側骨屋之町560 전화 075-746-2206 영업일 0730-1800 (수요일 정기휴무) 교통편 한큐전철阪急電鉄 교토선京都線 교토카와라마치역京都河原町駅 12번 출구 도보 5분

주차장 구석의 커피! 인스타 각도기 대령이오.

그리루세이켄카이칸
グリル生研会館

SP

커피를 마시다가 카나에게 내일은 외식을 하자고 제안하는 할아버지. 그는 카나를 1958년 창업한 양식 단골집으로 인도한다. 그러면서 교토에 일식만 있는 것이 아니라는 이야기를 하며 새우튀김과 햄버그의 조합인 에비후라이, 함바그 런치를 맛있게 즐긴다.

주인공 두 명이 먹은 함바그에비후라이エビフライ&ハンバーグ 런치 (1500엔)는 이 집에서 가장 자랑하는 메인 런치 메뉴다. 데미그라스소스에 흠뻑 젖은 함바그의 맛은 항상 옳다. 2개의 새우튀김 아래에 깔린 타르타르소스는 튀김과 어김없이 조화를 이룬다. 상추, 양배추, 당근, 오이, 방울토마토 등이 들어간 샐러드와 밥도 양이 많아 식사로도 부족함이 없다. 레몬 한 조각이 나오니 느끼할 수 있는 새우튀김에 뿌리면 상큼한 맛을 더할 수 있다.

이 극상의 메뉴에 게 크림 코롯케가 한 개 더 들어간 런치(1900엔)는 또 다른 이 집의 대표주자다. 치킨, 함바그의 메뉴 또는 생선튀김, 함바그의 메뉴도 인기다.

가게 이름인 '생연회관'은 가게가 있는 건물이 재단법인 '생산개발과학연구소' 건물이라서 지은 이름이라고 한다. 실제로 생산개발과학연구소 직원들도 단골이라고 한다. 현재는 3대째 주인인 오너쉐프 니시자키 유키씨가 운영 중으로 창업자는 현 주인의 할아버지다. 가게 안에는 1대, 2대, 3대 주인의 흑백사진이 벽에 걸려 있다. 포크와 나이프의 손잡이의 특이한 문양도 눈길을 사로잡는다. 빛바랜 듯한 빨간색 테이블보 역시 가게의 역사를 말해 준다. 주인아주머니가 한국인인 나를 잘도 알아보고 '감사합니다'라는 한국말로 미소와 함께 배웅해주셨다.

주소 京都府京都市左京区下鴨森本町15 生産開発科学研究所 ビル1F 전화 075-721-2933 영업일 1200-1330, 1700-1930 (수요일 저녁, 목요일 정기휴무) 교통편 케이한전철京阪電鉄 오토산本鴨東線 데마치야나기역出町柳駅 5번 출구 도보 10분

새우와 함바그.
잠시 교토에 살아보고
싶어지는 카나의
메뉴!

잠시 콜레스테롤 약은 놓고 오겠습니다.

다이코쿠야카마모치 혼포

大黑屋鎌餅 本舗

책을 구매하고 자전거를 타며 한껏 기분이 좋아진 카나는 단 것이 먹고 싶어 한 가게에 들어간다. 그곳에서 카나는 카마모치가 무언지 주인에게 묻는다. 1897년에 창업했다는 가게의 역사를 주인 할아버지에게 듣고 깜짝 놀라는 카나의 모습이 귀엽다. 길쭉한 찹쌀떡인 카마모치鎌餅(237엔)는 팥이 들어간 화과자다. 우리나라 말로 하면 '낫 모양 떡'인데 나무를 종이처럼 얇게 깎은 것 위에 올려서 준다. 건조방지를 위한 주인의 배려다. 카마모치는 벼를 낫으로 수확하는 풍년을 기원하는 의미에서 만들어 먹었던 떡이라고 하는데 그래서 선물용 상자로 구매하면 포장지에 벼를 낫으로 베는 농부들의 그림이 그려져 있다.

카나는 1개를 사서 예쁘다며 점내에서 음미한다. 홋카이도산 팥소에 흑설탕까지 첨가되어 있어 더 달콤하다. 찹쌀떡을 길게 늘어트린 것이라 생각하면 편하다. 참고로 카마모치 5개, 8개, 10개, 15개 들이 등의 선물상자도 판매중이다. 유통기한이 3일이라 그나마 한국 귀국일에 선물용으로 구입하면 좋을 듯하다.

골목길 귀퉁이의 가게는 오래된 2층 목조건물 1층에 위치해 있다. 현재 3대 째인 야마다 미츠야 할아버지가 운영 중에 있는데 필자가 방문했을 때는 중년의 여성만이 있었다. 하나를 사도 나무를 깎은 종이에 싸서 그릇위에 올려주신다. 팥이 들어간 모나카 등은 이 집의 인기 메뉴. 드라마의 포스터가 나무 유리문에 붙어 있다. 안에서 따로 앉아서 먹을 만한 곳은 없는 테이크아웃 전문 화과자점이다. 가게 안 의자에 앉아 한 개쯤 먹어도 뭐라 하시지 않는다.

주소 京都府京都市上京区寺町今出川上ル4丁目西入ル阿弥陀寺前町25 전화 075-231-1495 영업일 08:30-20:00 (둘째 주와 넷째 주 수요일 정기휴무) 교통편 케이한전철京阪電鉄 오토산鴨東線 데마치야나기역出町柳 5번 출구 도보 13분

쫄깃하고 달달한 낫 모양 찹쌀떡!

요시노야

吉廼家

카마모치 한 개에 성이 차지 않았는지 자전거를 타고 가다 멈춘 카나는 요시노야의 잇큐모치一休餅(6개 들이 810엔)를 점내에서 음미하며 자신의 후각을 자찬한다. 잇큐모치는 팥 들어간 떡에 고소한 콩가루가 얹어진 인절미 비슷한 느낌의 디저트이다. 잇큐모치라는 한자 뜻처럼 잠시 한숨 돌리고 쉬면서 먹기 좋은 일자형 떡이다. 1926년 창업한 이 집의 대표 메뉴라서 건물 간판에도 요시노야잇큐모치라고 되어 있다. 잇큐모치의 유통기한은 불과 3일이다.

콩떡인 마메다이후쿠豆大福, 달달한 꼬치경단인 미타라시단고みたらし団子, 앙미츠あんみつ, 찰떡인 카시와모치かしわもち, 와라비모치わらび餅, 코이노보리 빵こいのぼり(216엔), 만쥬饅頭, 오토기조지おとぎ草子, 귤이 큼지막하게 들어간 찹쌀떡인 미깡다이후쿠みかん大福와 딸기가 들어간 찹쌀떡인 이치고다이후쿠每大福 그리고 포도가 들어간 찹쌀떡인 부도다이후쿠ぶどう大福와 파인애플이 들어간 찹쌀떡인 파이납푸루다이후쿠パイナップル大福도 1926년 개업한 요시노야의 계절 인기 메뉴다. 참고로 오토기조지는 전국과자대전람회에서 상을 수상하기도 할 만큼 귀여운 한 입 크기의 일본식 떡모둠이다. 일본 최고의 유명 저가 프랜차이즈 음식점인 '요시노야'와는 전혀 관계없으니 검색에 주의하자.

주소 京都府京都市北区小山東大野町54 전화 075-441-5561 영업일 09:00-18:00 (부정기적 휴무) 교통편 교토시영지하철京都市営地下鉄 카라스마선烏丸線 키타오지역北大路駅 2번 출구 도보 4분

고소한 콩가루 폭탄 투하.

카훼 비브리오틱쿠 하로

Cafe Bibliotic Hello SP

카나의 후각은 잇큐모치에서 멈추지 않고 북카페까지 이끌린다. 그녀는 딸기와 청포도 등이 들어간 후루츠산도フルーツサンド(1100엔) 를 음미하고 옆자리 아저씨의 레즌산도レーズンサンド(10개 들이, 1510엔) 까지 얻어먹은 뒤 책을 읽다가 잠에 빠지기도 했다. 참고로 짭짜름한 플레인맛과 녹차향의 맛챠맛 레즌산도가 있다. 산도지만 빵이 아닌 쿠키로 감싸여 있다. 상자에 들어있기 때문에 가을, 겨울에 한해 선물용으로도 좋을 듯하다.

지은 지 150년 된 건물을 리모델링해 만든 이 북카페는 천장이 높아 개방감이 넘친다. 가게 밖에는 바나나나무가 있어 이색적이다. 이 바나나나무는 가게 주인이 전에 다니던 곳에서 받아서 심은 것이라고 한다. 가게 내부에는 높은 책장이 있어 잡지 등 원하는 책을 여유롭게 볼 수도 있다. 마치 캐주얼한 도서관의 휴게실 같은 느낌으로 20대 손님이 많았다. 1층에서는 커피 기구나 잡화를 취급한다. 빵, 쇼트케이크, 샌드위치, 쿠키, 계절에 따라 다른 과일 타르트, 파스타, 팥빙수, 치킨야채 카레 등도 이 집의 인기 메뉴다.

참고로 이 카페는 드라마 '과수연의 여자' 시즌21 11화에서도 등장한다. 의문의 사망자 혼죠 나나의 사건 당일 경로를 따라 단서를 찾기 위해 과학수사연구소의 막내 아미가 강아지의 털을 채취하던 카페로 말이다.

주소 京都府京都市中京区晴明町650 전화 075-231-8625 영업일 11:30-22:00 연중무휴 (베이커리만 화, 수, 목 정기휴무) 교통편 교토시영지하철京都市営地下鉄 토자이선東西線 교토시야쿠쇼마에역京都市役所前駅 9번 출구 도보 6분

디저트 맛집!
미니 도서관이 되다.

1화

나카무라세이안쇼

中村製餡所

도쿄에서 취직을 해 장기 출장으로 오랜만에 교토의 할아버지 집에 오게 된 카나는 예전처럼 지도와 심부름 리스트를 받아 자전거를 타고 길을 나선다. 첫 번째 도착한 곳은 팥과 모나카의 만남으로 유명한 나카무라세이안쇼였다. 직원으로부터 4종류의 팥 세트가 있고 스스로 모나카에 넣어 먹으면 된다는 말에 카나는 가장 비싼 단바 세트丹波セット를 구입해 돌아간다. 저녁식사 자리에 팥과 모나카를 꺼내자 할아버지가 가장 먼저 모나카 사이에 팥을 넣고 눌러 시식에 들어갔다.

1908년 창업한 나카무라세이안쇼는 현재 4대 점주인 나카무라 요시하루씨가 운영 중이다. 하얀 건물에 빨갛게 '앙'이라고 써져 있는 수직 노렌이 인상적인 곳이다. 본래 교토의 화과자점에 팥을 납품하는 작은 공장 개념이었는데 50년 전 쯤 전부터 이렇게 일반 소비자에게도 직접 팥을 팔게 되었다고 한다.

이곳의 모나카는 둥근 꽃모양을 하고 있다. 일반 모나카가 있고 호지차가 들어간 모나카도 있다. 팥 세트의 결정이 끝나면 투명 플라스틱에 담아 준다. 통팥이 들어간 츠부앙つぶあん,갈아서 부드러운 코시앙こしあん, 흰팥을 넣은 시로앙白あん 세트는 홋카이도산 팥 500그램을 내어주며 모두 1400엔의 같은 가격이지만 단바 세트丹波セット는 1600엔으로 비싸다. 모든 세트에 10개를 만들어 먹을 수 있도록 모나카 껍데기가 20개 들어간다. 헌데 가게의 단골들은 모나카 안에 팥에 더불어 아이스크림이나 버터를 넣어 먹기도 한다고 한다. 가게 벽면에는 '잠시 교토에 살아 보았다' 드라마의 대형 포스터가 붙어 있다.

주소 京都府京都市上京区一条通御前西入大東町88 전화 075-461-4481 영업일 08：00-17：00 (수요일, 일요일 정기휴무) 교통편 케이후쿠전철京福電鉄 키타노선北野線 키타노하쿠바이쵸역北野白梅町駅 출구 1개소, 도보 5분

앙모나카를 앙!

(helvetica 제공)

카모가와 강변 풀밭에서 잠시 쉰 카나는 자전거를 타고 우동집
으로 간다. 타누키우동たぬきうどん을 주문한 카나는 교토와 도쿄가
타누키우동을 부르는 방식이 다르다는 것을 주인으로부터 듣게
되고 처음으로 교토의 걸쭉한 타누키우동(키츠네노앙카케)을 음미한다.
얏코의 우동면은 얇은 중화면을 이용한다. 우리가 생각하는 굵
은 면발의 우동면은 아니다. 카레우동カレーうどん(680엔), 오야코동親
子丼(830엔), 튀김덮밥인 텐푸라동天ぷら丼(730엔), 소고기덮밥인 니쿠
동肉丼(830엔), 도라이 카레ドライカレー(730엔), 하무엑그ハムエッグ(500엔),
볶음밥인 야키메시やきめし(730엔) 등도 이 집의 인기 메뉴다. 모든
면은 공산품이 아니다. 가게에서 직접 만든다. 그래서인지 교토
현지인 외에 외국인 손님들도 많았다.

주인공 카나는 교토의 타누키우동을 먹었지만 얏코의 가장 오래
된 인기 메뉴는 키시마라는 녀석이다. 이 녀석은 우동국물에 노
란 중화면이 담긴 음식인데, 중화면 이외에 그 어떤 토핑도 올려
지지 않아 정말 심플하다. 파가 따로 작은 그릇에 나오는데 그것
이 전부다.

3대 점주인 70세의 카와바타 할아버지 할머니 부부가 운영하고
있는 얏코의 창업은 1930년이다. 가게 안의 오래된 나무 의자가
역사를 말해 준다. 카운터석이 있어 반갑다.

주소 京都府京都市中京区夷川通室町東入ル冷泉町76 전화 075-231-1522 영업일
월~금 11:30-19:00, 토요일 11:30-14:30 (일요일, 국경일, 연말연시는 정기휴무) 교통편
교토시영지하철京都市営地下鉄 카라스마선烏丸線 마루타마치역丸太町駅 6번 출구 도보 3분

지구인 모두가 모여드는 교토의 우동 맛집.

이마니시켄

今西軒

자전거로 교토의 골목을 달리다가 갑자기 어느 가게에 시선이 멈춘 카나는 자전거를 세우고 가게 앞 안내문을 읽어본다. 매진 되었다는 안내문이었지만 그래도 들어가 보는 카나. 정말 우연 하게도 방금 전 예약 취소 전화가 주인에게 와서 떡 3개가 남게 된다. 이 남은 녀석을 카나가 테이크아웃해 발걸음을 옮긴다. 그 리곤 교토의 아침 모임을 함께 하는 남자 사람 친구가 운영하는 가방 가게에 가서 함께 맛있게 나눠먹는다.

이마니시켄에서 파는 간식은 콩고물이 묻은 키나코きな粉 오하기 (1개, 220엔), 갈은 팥으로 만든 코시앙こし餡 오하기(1개, 220엔), 통팥으 로 만든 츠부앙つぶ餡 오하기(1개, 220엔) 이 세 종류가 다다. 콩고물 이 묻은 오하기가 가장 인기로 먼저 동이 나고 나머지 녀석들도 낮 10시 30분 정도면 모두 매진된다. 초인기점으로, 생산량을 늘리면 좋으련만 정해진 수량이 다 팔리는 즉시 문을 닫는다. 이 곳의 오하기는 찹쌀로 만들어 단면을 보면 쌀 알갱이들이 보일 정도다. 테이크아웃 전문점이라 점내에서 먹을 수는 없다. 주말 에는 오픈런을 각오하는 편이 속 편하다. 1897년 문을 연 이 가 게는 현재 4대째 주인아저씨가 운영 중이다.

참고로 이곳은 드라마 '교토 담뱃가게 요리코' 제 4화에서도 등 장한다. 남주인공 야마다는 우연히 골목길에서 점심이면 품절이 되는 유명한 간식점을 발견한다. 여주인공 요리코는 아침 일찍 기다리는 수밖에 없다며 설명해주고 4화에서는 헤어지는 야마 다에게 이곳의 오하기를 선물로 주기도 한다.

주소 京都府京都市下京区烏丸五条西入ル一筋目下ル横諏訪町312 전화 075- 351-5825 영업일 09:30-매진즉시 영업종료, 10:30분 정도에 거의 매진되고 그 즉시 영 업종료 (월, 화요일 정기휴무) 교통편 교토시영지하철京都市営地下鉄 카라스마선烏丸線 고조역 五条駅 4번 출구 도보 1분

개점시간에 줄 서도 못 사는 위험한 떡집.

노토쇼

할아버지의 심부름을 마치고 다시 교토 시내로 자전거를 끌고 나온 카나. 민물고기 가게를 발견하고 수조의 은어 구경만으로 재밌어한다. 그녀는 장어 계란말이인 우마키와 은어 소금구이 아유노시오야키若鮎塩焼き를 발견하고 더 신기해한다. 결국 카나는 은어 소금구이와, 우마키うまき(900엔)라 불리는 장어 계란말이까지 주문한다. 요 녀석들은 할아버지와 카나의 저녁 반찬으로 식탁에 오른다. 계란말이 안에 장어가 있는 것은 필자의 평생에 보지 못한 조합이다. 기본적으로 장어구이(2300엔~2900엔 사이. 크기에 따라 가격 다름)와 장어를 돌돌 말아 만드는 야와타키도 취급하는 가게다. 장어 한 마리를 먹기가 부담스럽다면 장어덮밥인 우나기 벤또鰻弁当(1550엔부터 시작)를 음미하는 것을 추천한다.

이곳의 새끼 은어 소금구이若鮎塩焼き(4마리 1200엔)와 장어구이는 모두 숯불에 정성껏 굽는다. 부채로 부쳐가며 말이다. 숯불의 세기를 조정하는 것일 테지만 오가는 손님들의 코를 자극해 유혹하는 일이기도 하다. 이렇게 가게는 어느덧 개업 60년을 맞았다. 그러나 한국에는 아직 전혀 알려지지 않은 교토 서민들의 민물고기 반찬 가게다.

주소 京都府京都市東山区弓矢町31 전화 075-551-0256 영업일 09:00-19:00 (일요일 정기휴무) 교통편 케이한전철京阪電鉄 케이한혼선京阪本線 키요미즈고죠역清水五条駅 5번 출구 도보 5분

우마키! 우마이(맛있어)!

키무라 스키야키

친척아저씨의 점심 제안으로 함께 고급 스키야키 집에 간 카나.
친척아저씨는 스스로 잘 만들어 먹으라는 서빙 여직원의 말에
열과 성을 다해 카나와 주거니 받거니 재미나게 만들어 먹는다.
참고로 날달걀을 풀어 고기를 푹 찍어 먹는 것이 포인트다.
입구에서 신발을 벗고 2층의 다다미방으로 직원의 안내를 받아
올라가면 된다. 전통 료칸을 걷는 기분이다. 한글 메뉴판도 있는
데 적어도 한국사람의 교정을 거치지 않은 거친 메뉴판이다. 단
무지를 담무지로 사이다를 싸으다로 적어놓으셔서 귀엽긴 하다.
세금과 서비스 요금이 필요없다는 멘트가 반갑다. 서비스 요금
이 필요하지 않은 만큼 손님이 알아서 레시피를 보고 만들어 먹
어야 한다. 야채를 제일 먼저 깔고 그 위에 고기를 올려 굽다가
설탕을 뿌리고 국물 소스를 살짝 부어 익혀 먹으면 되는 식인데
주의할 점은 국물 소스가 짜다는 것이다.
주인공들이 로스스키야키ロ－スすき焼き(3300엔)를 먹었는지 그냥 스
키야키(3100엔)를 먹었는지는 알 수 없다. 불과 200엔밖에 차이가
나지 않으니 고급스러운 로스스키야키를 즐기자. 저렴하게 즐기
고 싶다면 화요일에서 토요일까지의 런치 서비스타임인 12시에
서 2시 사이를 노리면 된다. 불과 2200엔으로 와규스키야키和牛す
き焼き를 즐길 수 있다.

주소 京都市中京区寺町通四条上ル大文字町300 전화 075-231-0002 영업일
12:00~21:00 (월요일, 둘째 주 화요일 정기휴무) 교통편 한큐전철阪急電鉄 교토선京都線 교
토카와라마치역河原町駅 10번 출구 도보 5분

착한 가격의 스키야키 맛집.

(tomohiro_inoue2173 제공)

와이후안도하즈반도

교토의 아침을 즐기는 모임 멤버들과 매우 독특한 외관의 카페에서 만나게 된 카나. 카페 내부에 작은 피아노가 있어 한번 장난스럽게 치기도 하고 이것저것 주인 부부에게 궁금한 것들을 물어보기도 한다. 할머니라는 뜻의 그란마커피GRANDMA도 있고 딸이라는 도우타커피DAUGHTER도 있다는 주인의 친절한 설명이 있었다. 그란마커피를 받은 교토의 아침 멤버들은 카모가와 강변으로 나가 돗자리를 펴고 앉아 그란마커피를 즐긴다.

비교적 젊은 요시다 씨 부부가 운영하는 이곳의 자가 로스팅 핸드드립 커피는 홋토코히ホットコーヒー(680엔)와 아이스코히アイスコーヒー(700엔) 그리고 카훼오레カフェオレ(핫, 아이스 선택 가능 750엔)가 메뉴의 전부로 단순하다. 디저트도 토스트, 러스크, 치즈케이크가 다다.

1시간 30분 동안 빌릴 수 있는 피크닉 세트가 1인당 1400엔이다. 커피가 담긴 독특한 생김의 보온병과 컵 그리고 과자에 그것을 담는 예쁜 피크닉 바구니가 모두 포함된 가격이다. 테이블보를 포함한 세트다. 귀여운 밀짚모자도 200엔에 빌릴 수 있다. 이런 렌트를 시작한 건 이 가게에서 매우 가까운 위치에 카모가와가 있기 때문이다. 한국의 강이나 하천 또는 의림지 같은 유원지에서 판매하면 인스타그램에서 대박이 날 것 같은 아이템이다. 가게 입구 천장에는 의자와 바구니, 밀짚모자가 많이 걸려 있어 생활용품이나 인테리어 소품 가게로 오인할 정도다. 점내에도 앤티크한 잡화가 많이 있고 카페의 컨셉 자체를 앤티크라고 못 박아 놓았다.

주소 京都市北区小山下内河原町106-6 전화 075-201-7324 영업일 10:00-17:00 (부정기적 휴무) 교통편 교토시영지하철京都市営地下鉄 카라스마선烏丸線 키타오지역北大路駅 3번 출구 도보 5분

카모가와 강에서 '빨강머리 앤'이 되어라.

(＿＿rain_girl＿＿ 제공)

Kansai

『명건축에서 점심을』 속
그곳은…!

名建築で昼食を

친구와의 카페 창업 꿈을 꾸는 젊은 여성 카피라이터 하루노 후지는 거리를 다니며 사진을 찍는 것을 좋아한다. 그러다 우연히 인스타그램에서 건축모형사인 우에쿠사 치아키가 올리는 글에 반해 제자로 삼아줄 것을 요청, 우에쿠사의 명건축 산책의 제자가 된다. 그리하여 건축사 우에쿠사와 명건축을 관람한 후 함께 점심을 먹는 사이가 된다.

데이리바시킨츠바야 본점

出入橋きんつば屋

오랜만에, 그것도 오사카에서 스승 치아키와 만난 후지가 치아키에게 선물이라며 건넨 간식은 데이리바시킨츠바야의 킨츠바きんつば(테이크아웃 1개, 100엔)다. 속에 팥이 잔뜩 들어간 네모반듯한 녀석인데 한천과 설탕을 이용해 네모나게 만든 팥소 겉면에 물에 푼 밀가루를 묻혀 구운 한입 간식이다. 옛날 가난하던 시절에 가게 근처 운하에서 일하던 짐꾼들이 가볍게 먹던 간식이었다고 한다. 따뜻한 느낌을 주는 가게 안에서 먹으면 1인분에 3개를 주는데 350엔이다. 가게 안에서 먹으면 차를 내어 준다. 따뜻한 차로 할지 차가운 차로 할지를 묻는다. 주인공 후지처럼 선물용(10개 들이, 1100엔)으로도 킨츠바를 상자에 담아 판매하고 있지만 유통기한은 제작 당일이다. 바로 냉동한다면 다소 기한을 늘릴 수 있다. 이곳의 킨츠바는 설탕을 비교적 적게 넣어 과하게 달지 않고 팥 본연의 맛을 더 느낄 수 있다고 한다. 가장 잘 팔리는 시기인 겨울에는 하루 2000개의 킨츠바를 팔 때도 있다고 할 정도로 인기 간식이다. 여름에는 빙수かき氷를 판매한다. 떡이 들어간 팥죽인 시라타마젠자이白玉ぜんざい(600엔)는 이 집의 인기 메뉴다. 와라비모치わらび餅(600엔)나 앙미츠あんみつ(600엔)도 있다.

가게의 창업은 1930년으로 현재는 3대째 남주인인 시라이시 세이지 씨가 운영 중이다. 주인은 가게 2층에서 살고 있다. 2대 주인인 할머니는 1938년생으로 아직도 현역으로 나와 계신데 본인은 과일가게 딸로 중매로 이 가게에 시집을 왔다고 이야기 해 주셨다.

주소 大阪府大阪市北区堂島3-4-10 전화 06-6451-3819 영업일 월요일–금요일 10:00–19:00 토요일 10:00–18:00 (일요일, 국경일 정기휴무) 교통편 한신전철阪神電鉄 한신혼선阪神本線 후쿠시마역福島駅 동출구東口 도보 3분

주인 할머니의 친절한 수다 그리고 한 입 간식.

멘교카이칸 카이잉쇼쿠도

綿業会館 会員食堂

오랜만에 만나는데 그것도 오사카에서 만나게 된 후지와 치아키. 이들이 오사카에서 첫 번째로 관람한 곳은 와타나베 세츠가 설계한 면업회관 멘교카이칸이다. 주인공 두 사람은 가이드의 설명을 들으며 건물을 누비는데 특별히 담화실의 벽타일에 감동한다. 후지는 함바그스테키ハンバーグステーキ를 치아키는 사카나노 브로셋토魚のブロシェット를 즐긴다. 회원제 식당이라 본래 일반인은 이용할 수 없지만 런치가 포함된 건물의 견학을 신청할 경우 이용할 수 있다. 회원식당은 본관 1층에 있다.

1931년 지어진 면업회관은 문화청의 중요문화재로 2003년 등록된 건물이다. 방적 섬유 관련 귀족과 관계자들의 기부금 150만 엔을 받아 만든 건물이다. 당시의 150만 엔은 지금 가치로 10억 엔이라고 한다. 당시 국제회의가 많이 열렸고 유명한 위인인 헬렌 켈러도 이곳에 방문한 적이 있다고 한다. 건물 내부는 15세기에서 17세기 사이의 이탈리아식 르네상스 양식이라고 한다. 건물의 현관홀에 오카 츠네오岡常夫라는 사람의 동상이 커다랗게 있어 포인트가 되고 있다. 일본 섬유업의 발전을 기원하던 동양방적의 얼굴 오카 츠네오가 유언과 함께 100만 엔을 면업회관의 건축비로 남겼기에 건물 입구에 그의 동상이 커다랗게 자리하고 있다. 재미난 점은 일본의 전쟁중에 금속 공출로 동상이 녹여져 군수품으로 쓰였는데 동상을 찍어내는 틀이 어딘가에 남아있어 다행히 전쟁이 끝나고 다시 동상을 만들어 세웠다고 한다. 건물 내부 견학은 매월 넷째 주 토요일에 각 40명씩 2부제로 나눠 운영되는데 1부는 10:30부터 식사를 포함한 견학(4000엔)이고 2부는 오후 2시부터 시작하는 견학만으로 비용은 500엔이다.

주소 大阪市中央区備後町2-5-8 전화 06-6231-4881 영업일 반드시 사전 예약으로만 견학 및 식사가 가능함 교통편 오사카시영지하철大阪市営地下鉄 미도스지선御堂筋線 혼마치역本町駅 1번 또는 3번 출구 도보 5분 / 오사카시영지하철大阪市営地下鉄 사카이스지선堺筋線 사카이스지혼마치역堺筋本町駅 12번 또는 17번 출구 5분

명건축의 아우라 속으로.

(yukacheeee_xx 제공)

킷사 미사

喫茶みさ

경찰의 불심검문에 기분이 묘해진 치아키는 느긋하게 커피를 마시며 주인아주머니와 수다를 떨었다. 4화에서 또 같은 경찰에게 불심검문에 걸려 화가 난 마음에 커피를 마시러 치아키가 오기도 했다. 6화에서는 조용히 연못 펜스에서 사진을 찍는 할아버지들에게 민폐를 끼치고 도망치듯 온 카페로도 등장한다.

벽에는 '명건축에서 점심을' 포스터가 붙어 있다. 가게 내부의 벽은 빛바랜 녹색의 육각형 문양으로 독특하다. 벽에 붙은 파란 날개의 선풍기 역시 역사를 말해주듯 낡아 있다. 87세의 야마가타현 출신의 키쿠치 할머니는 그러나 생기가 발랄하다. 주요 메뉴인 코히コーヒー, 카루피스カルピス, 카훼오레カフェオレ, 코차紅茶, 오렌지쥬스オレンジジュース, 토마토쥬스トマトジュース, 코라コーラ 등이 균일 400엔이고 간식은 200엔의 토스트가 전부다. 별다른 디저트나 음식류 따위는 취급하지 않는다. 아침 8시에서 11시 사이에는 모든 음료나 커피에 토스트 2조각이 서비스로 제공된다. 창업은 1970년으로 시집가는 게 싫고 도시로 가고 싶었던 주인할머니는 처음엔 도쿄 아사쿠사로 갔다고 한다. 시골에 살던 그녀에겐 신세계였던 그곳에서 음악 카페나 댄스홀에서 사교춤을 추고 술도 마셨다고 하신다. 그러면서 카페 학교도 다니셨는데 부모님에게 들키자 다시 연고 없는 오사카로 돌연 떠나셨단다. 가게는 옛날부터 할머니 소유가 아니라 매달 집세를 현재까지도 내는 빌린 점포로 2층은 주인집이 살고 있다. 무려 40년만에 자신의 카페로 찾아와 만나게 된 어머니는 이후 병원에 갔는데 얼마 지나지 않아 돌아가셨다고 한다. 시대를 역행한 신여성 키쿠치 할머니의 인생이야기가 더욱 궁금해진다.

흡연이 가능한 점은 아쉽다.

파란만장한 할머니의 인생 스토리를 간직한 카페.

(raisinbuttertsand 제공)

주소 大阪府大阪市天王寺区生玉前町4-13 전화 06-6779-3718 영업일 08:00-
15:00 (토, 일, 국경일 정기휴무) 교통편 오사카시영지하철大阪市営地下鉄 타니마치선谷町線,
센니치마에선千日前線 타니마치큐쵸메역谷町九丁目駅 5번 출구 도보 7분

리브고슈

rive gauche

시바카와 빌딩을 천천히 구경한 후지와 치아키는 건물의 지하 식당 리브고슈로 자리를 옮긴다. 후지는 돼지고기구이와 밥 샐러드 등이 큰 접시에 한꺼번에 나오는 코무디아コム・ディア(평일 런치 1400엔), 치아키는 새우와 조개관자 등이 들어간 쌀국수인 씨후도훠シーフードフォー(평일, 주말 런치 1200엔)를 각자 음미했다. 후지가 음미한 코무디아는 런치D에 해당하고 치아키가 먹었던 씨후도훠는 런치 SF에 해당하는 메뉴다. 두 요리 모두 고수가 들어가기 때문에 필자같이 고수가 세제 맛이라고 느끼는 사람은 필히 빼달라고 주문 전 이야기해야 한다. 씨후도훠를 주문하면 춘권 하나가 소스와 함께 따로 자그마한 그릇에 나온다.

한편 음식을 다 먹은 후에 후지와 치아키는 베트남커피까지 받아 음미한다. 식당 직원은 연유가 가라앉아 있으니 잘 섞어서 마시라고 이들에게 조언했다. 참고로 런치 가격에 베트남 커피 가격이 포함되어 있어 기쁘다.

프랑스풍 베트남요리전문점 리브고슈는 시바카와빌딩 지하 1층에 위치해 있다. 시바카와비루는 시부야 고로, 혼마 오토히코라는 사람의 공동설계로 1927년 문을 연 빌딩이다. 리브고슈로 내려가는 계단은 빨간 카펫이 깔려 있다. 점내 벽에는 베트남 인물화나 풍경화 등이 장식되어 있다. 평일 런치 세트만 A, B, C, D, E, F까지 있을 정도로 메뉴가 풍성한 여성 친화적인 레스토랑이다. 저녁에는 5000엔에서 6000엔 가격대인 3가지의 코스요리 및 단품 메뉴들이 손님을 기다리고 있다.

주소 大阪府大阪市中央区伏見町3-3-3 芝川ビル B1F 전화 050-5590-2425 영업일 점심영업 11:30~14:00 교통편 저녁영업 월~토 17:30~21:00, 저녁영업 일요일, 국경일 17:30~20:30 (부정기적 휴무) / 오사카시영지하철大阪市営地下鉄 미도스지선御堂筋線 요도야바시역淀屋橋駅 11번 출구 도보 1분

고수 없는 쌀국수와의 황홀한 데이트.

리스토란테 이타리아노 코롯세오

1930년에 세워져 미츠비시상사의 오사카 지점으로 사용됐던 오사카노린카이칸大阪農林会館을 방문한 후지와 치아키. 이들은 현관 로비의 벽시계, 계단의 손잡이 그리고 특이한 우편 투입구 등의 고풍스러움에 흐뭇한 미소를 짓는다. 건물 구경을 마친 치아키는 파프리카와 토마토 등이 들어간 푸질리 파스타인 라무토파프리카노토마토니코미후짓릿ラムとパブリカのトマト煮込みフジッリ를, 후지는 파르마풍의 리조토인 파르미쟈노노리죳토バルミジャーノのリゾット를 음미했다.

실제 가게는 매달 메인 메뉴를 바꾸기 때문에 주인공들이 먹었던 메뉴를 아주 똑같이 즐기는 건 힘들다. 가게는 일본 오사카에 유학생으로 왔었던 이탈리아인 도미니크 칸타토레 씨가 오사카에 제대로 된 이탈리아 레스토랑이 없다는 것을 착안하여 1982년 창업했다. 가게 홈페이지의 설명에 따르면 1998년 이탈리아 정부로부터 '해외 인정 이탈리아 레스토랑'으로 지정받았다고 한다. 오사카에서는 유일하다고. A런치인 파스타 런치가 메인으로 스타일은 매일 바뀐다. B런치는 코스 런치이고 C는 풀코스 런치다. 어떤 런치를 선택하든 빵과 커피, 전채, 디저트는 기본적으로 붙는다. 전채가 양이 많아 깜짝 놀랐다. 빵은 시칠리아 오일을 찍어 먹으면 된다. 커피는 홍차로 바꿔서 선택할 수도 있다. 가게 밖 간판도 이탈리아 국기요, 점내의 식탁보 색도 녹색 또는 빨간색으로 이탈리아 국기 색이 들어가 있다. 카운터 아래에 '명건축에서 점심을' 포스터가 붙어 있다.

주소 大阪府大阪市中央区南船場3-2-6 大阪農林会館 B1F 전화 06-6252-2024 영업일 화~금 11:30~14:00, 17:30~21:30 토, 일, 국경일 11:30~15:00, 17:30~21:30 (월요일, 연말연시 정기휴무) 교통편 오사카시영지하철大阪市営地下鉄 미도스지선御堂筋線 신사이바시역心斎橋駅 1번 출구 도보 5분 / 오사카시영지하철大阪市営地下鉄 사카이스지선堺筋線 나가호리바시역長堀橋駅 2번 출구 도보 5분

양복을 빼입은 이탈리아
아저씨의 친절한 응대.

가스비루쇼쿠도

ガスビル食堂

야스이 타케오에 의해 1933년 지어진 가스빌딩에 당도한 후지와 치아키. 치아키는 건물 곡선의 아름다움을 후지와 감상한 뒤 바로 식당으로 향했다. 8층에 위치한 가스비루쇼쿠도는 1933년부터 유럽스타일 레스토랑을 계속해오고 있다. 당시부터도 전망이 좋아 인기가 많았다며 후지에게 설명해 준다. 참고로 이 식당에서 오사카성이 보였던 시절의 흑백사진이 벽에 걸려 있다. 옛시절의 '서빙하는 아가씨 사진'이나 기타 역사가 있는 사진이 벽에 걸려 있다.

치아키는 가스비루쇼쿠도의 명물인 세루리오쥬セル・リ・オージュ(660엔)와 비후카레ビーフカレー(2170엔), 후지는 나마세로리(생 샐러리)生セモリ와 새우튀김인 에비후라이エビフライ 타르타르소스 첨가(2640엔)를 즐긴다. 그리고 식후 커피까지 음미했다. 개업 당시에 세로리는 매우 귀중한 식재료였지만 요즘은 그렇지도 않다. 그래서 접시에 세로리 하나만 떡하니 담겨져 나오는 걸 본 현대를 사는 사람들은 '이건 뭐지?'라고 많이들 생각할 것이다. 오뚜기 마요네즈 CF에서나 봤을 법한 야채가 되었으니 말이다. 치아키가 즐긴 비후카레를 주문하면 카레가 요술램프 같은 녀석에 담겨 나온다. 카레 내용물에 큼지막한 고기 6점만 보일 정도로, 우리나라의 다채로운 야채들이 들어가는 화려한 카레와는 상반된다. 반찬은 락교 등 3종이 바나나 형태의 접시에 나온다. 1년에 이 식당을 방문하는 손님이 4만 명에 이른다고 한다.

주소 大阪府大阪市中央区平野町4-1-2 ガスビル南館 8F 전화 06-6231-0901 영업일 11:30-20:30 (토요일, 일요일, 국경일은 정기휴무) 교통편 오사카시영지하철大阪市営地下鉄 미도스지선御堂筋線 요도야바시역淀屋橋駅 13번 출구 도보 3분

비프카레! 들판을 달리는 소의 등에 올라타다.

스모브로킷친 나카노시마

1904년에 세워진 오사카부립 나카노시마도서관大阪府立中之島図書館
에 위치한 카페에 가기 위해 치아키와 후지가 온 곳이다. 도서관
에서 점심을 먹는다는 생각에 후지는 의아한 리액션을 취한다.
도서관에 둥근 천장과 계단 등에 심취한 이들은 점심을 먹으러
도서관 내에 있는 식당 카페로 향한다.

스모브로는 덴마크어로써 전통적인 가정요리를 말한다. 야채 등
여러 가지 재료를 호밀빵에 올려먹는 방식으로 덴마크의 초밥
이라는 별명이 있는 오픈샌드. 치아키는 계절야채와 생선어패
가 들어간 키세츠야사이토교카이노스모브로季節野菜と魚介のスモーブロ
ー(1850엔)를, 후지는 계절추천의 스모브로인 키세츠노오스스메스
모브로季節のおすすめスモーブロー(1850엔)를 각각 음미한다. 그리고 식후
차까지 즐겼다. 참고로 런치 메뉴에는 샐러드, 수프, 음료가 포함
된다. 주인공들이 먹었던 메뉴들은 언제 런치에서 빠졌다가 들
어갔다가 할지 알 수 없다. 수시로 런치 구성을 바꾸고 있기 때
문이다. 런치는 11시에서 15시 사이에만 판매한다. 양이 비교적
적은 편이고 가격은 높은 편이다. 주문은 테이블에 있는 바코드
를 휴대폰으로 스캔한 뒤 한국어 메뉴를 선택해 주문하면 된다.
각 테이블마다 커다란 창이 나 있어 분위기가 산다. 벽에는 불필
요한 사진이나 메뉴들을 붙이지 않고 깔끔하다. 여성손님들이 거
의 대부분일 정도의 여성향 식당이다. 혼잡한 시간에는 70분
식사 제한 시간을 두기도 한다. 우선 식당으로 가기 위해선 도서
관으로 들어가 2층으로 가야 하는데, 이때 지나는 도서관의 계
단과 천장의 화려함이 돋보인다.

주소 大阪府大阪市北区中之島1-2-10 中之島図書館 2F 전화 050-5592-6244 영
업일 일-목요일 09:00-16:00, 금-토 09:00-19:00 (부정기적 휴무) 교통편 케이한전철京阪
電鉄 나카노시마선中之島線 나니와바시역なにわ橋駅 1번 출구 도보 1분

오사카에서 만나는
북유럽 식사의 하모니.

『나니와의 만찬』속
그곳은…!

なにわの晩さん

오사카에서 개인택시를 하는 중년의 남성 반 아키라. 택시기사인 그는 저마다의 사연이 있는 손님들을 태우고 그들로부터 인생의 이야기를 듣는다. 손님들에게 조언을 해주기도 한다. 손님들은 반 씨의 조언이나 밥집 추천을 믿고 그에 대한 감사에 반 씨에게 맛있는 음식을 대접한다. 오사카의 인생군상을 만나보자.

치토세 본점

우동 소바 가게에 한 중년 남성과 젊은 20대 미녀 환자가 묵묵히 니쿠스이肉吸い(800엔)를 서빙 받아먹고 있다. 니쿠스이만이 아니라 날달걀을 따뜻하게 밥에 풀어 비벼먹기까지 한다. 밥에 날달걀을 풀어 간장과 함께 비벼먹는 것을 타마고카케고항卵かけご飯이라고 하는데 이것도 이 집의 인기다. 참고로 니쿠스이는 우동 국물에 우동면은 없이 고기가 들어간 음식이다. 미녀 환자는 다 먹은 뒤에 반 씨의 택시를 타고 병원으로 향한다. 사실 미녀 환자는 수술을 앞두고 죽을지도 모른다는 생각에 택시기사에게 맛집을 추천받아 함께 먹게 된 것이었다. 여자는 택시기사 반 씨에게 맛있었다며 꾸벅 인사를 하고 병원과 가족의 품으로 돌아갔다.

고기우동으로 유명한 치토세 본점은 골목길 코너에 자리 잡은 작은 실내의 가게다. 요시모토 흥업吉本興業이라는 유명한 엔터테인먼트 회사와 극장이 근처에 있어 연예인들이 자주 찾는 맛집이기도 하단다. 현재는 3대 주인 모리이 씨가 운영하고 있고 다른 곳에 위치한 지점은 4대째 주인이 운영하고 있다.

참고로 우동면 대신 고기만 들어간 니쿠스이는 가게 근처 요시모토흥업 소속 연예인이 치토세에 와서 우동 면발 대신 고기를 넣어달라는 특별 오더를 했고 이것이 입소문으로 유행하면서 정식 메뉴가 되어 대박을 치게 된 것이다. 오후 2시까지 영업으로 되어 있으나 재료가 소진되는 즉시 영업을 종료한다.

주소 大阪府大阪市中央区難波千日前8-1 영업일 10:30-14:00 (화요일 정기휴무) 교통편 오사카시영지하철大阪市営地下鉄 미도스지선御堂筋線 난바역なんば駅 도보 5분

니쿠스이의 국물에 몸을 던져라.

야에카츠

八重勝   1화

동료들과 이야기를 하다가 수다스러운 아줌마의 장난스러운 폭로로 신세카이新世界에서 캐릭터 잠옷을 입고 돌아다니는 미녀와의 튀김 꼬치구이 먹방 데이트를 들키고 마는 반 씨. 그래도 젊은 미녀와의 맛있는 식사 장면을 회상한다. 사실 반 씨는 요상한 옷을 입은 손님이 부끄러울까봐 그저 같이 밥을 먹어준 죄밖에 없었다.

가게는 두 곳인데 아케이드 상점가 길을 사이에 두고 양 옆으로 비스듬히 마주 보고 있다. 인기가 대단해서 개점 전부터 엄청 긴 줄을 서야 한다. 줄을 서다가 말고 어차피 같은 가게라 맞은편 가게로 인도될 수도 있다. 한국어 메뉴판을 달라고 하면 준다. 오픈주방이라 직원들의 일하는 모습을 볼 수 있고 유리 쇼케이스에 튀겨질 녀석들이 가득 대기하고 있어 좋다. 꼬치구이의 종류에는 도테야키どて焼き(390엔), 새우인 에비エビ(500엔), 닭고기튀김인 토리카라아게とり唐揚げ(240엔), 표고버섯인 시이타케しいたけ(240엔), 문어인 나마타코生たこ(300엔), 오징어인 이카イカ(240엔), 오징어다리인 게소げそ(240엔), 붕장어구이인 야키아나고焼きアナゴ(240엔), 연근인 렌콘レンコン(240엔), 감자인 쟈가이모じゃがいも(180엔), 단호박인 카보챠かぼちゃ(180엔), 열빙어인 시샤모ししゃも(350엔), 까망베르치즈カマンベールチーズ(240엔), 아스파라거스인 아스파라アスパラ(240엔), 비엔나소시지인 윈나ウィンナー(240엔), 가지인 나스비なすび(130엔)등이 있어 선택의 폭이 다양하다. 소스를 두 번 찍어 먹지 말라는 그림 표시가 한국어로도 병기되어 있다. 양배추를 스테인리스 통에 가득 준다. 리필도 무료다. 아사히 병맥주와 함께 오사카 튀김꼬치의 진수를 만끽해보자.

주소 大阪府大阪市浪速区恵美須東3-4-13 전화 06-6643-6332 영업일 10:30-21:00 (목요일, 셋째 주 수요일 정기휴무) 교통편 오사카시영지하철大阪市営地下鉄 미도스지선御堂筋線 도부츠엔마에역動物園前駅 1번 출구 도보 2분

바삭하고 고소한 튀김에 침샘 폭발.

텐푸라 소바기리 나카가와

天麩ら そば切り なか川

바쁘게 업무를 보느라 휴대전화 배터리가 거의 다 된 손님은 반 씨에게 근처에 배터리 충전하면서 후다닥 식사를 할 수 있는 곳이 있는지 묻는다. 반 씨는 그에 걸맞은 소바 단골집으로 향한다. 반 씨는 카운터석을 지나면서 새우튀김인 구루마에비, 야채튀김과 소바를 보며 군침을 흘린다. 택시 손님의 주문에 의해 모리소바もりそば(800엔)를 먹게 된 두 사람. 이 모리소바는 특제 소스에 면을 적당량 덜어 적셔 먹는 타입이다. 반 씨는 손님에게 천천히 음미하라고 조언한다. 반 씨의 먹는 법에 감탄한 손님은 고구마튀김인 사츠마이모텐さつまいも天까지 주문해 즐기게 된다.

이곳의 고구마튀김은 무려 1시간 동안 천천히 튀기는 것이 특징이다. 가게는 2층, 3층에 위치해 있다. 주인공들이 있었던 곳은 카운터석만 8자리 있는 2층이다. 2층은 최소 1인 8000엔에서 10000엔 또는 15000엔의 코스(튀김과 소바)를 이용하는 손님만 이용 가능하다. 3층은 테이블석만 있다. 전골요리에는 1인 3800엔의 오리전골과 1인 5800엔의 고래전골이 있다. 580엔부터 시작하는 튀김모둠이나 포테토사라다ポテトサラダ 같은 단품도 있다.

주인인 50세의 나카가와 토시히토 씨는 가게를 열기 전 일식집에서 8년간 일하다가 이 가게를 오픈했고, 전 일식집에서 같이 일하던 동료 야마모토 씨를 스카웃해 함께 일하고 있다. 야마모토 씨는 수타 소바의 장인이라고. 현재는 가게 사정으로 잠시 휴업중이다. (2024년 6월 공지 기준)

주소 大阪府大阪市北区曽根崎2-9-19 2F 전화 06-6809-2080 영업일 17:00-25:00 (수요일 정기휴일) 교통편 오사카시영지하철大阪市営地下鉄 타니마치선谷町線 히가시우메다역東梅田駅 4번 출구 도보 3분

수타 소바의 진수를 음미하라!

(_horich_ 제공)

오뎅·오코노미야키 사토미

おでん·お好み焼き さとみ

아직 식사를 하지 않은 젊은 커플을 태우게 된 반 씨. 젊은 여성이 음식점이 많이 모여 있는 깔끔한 맛의 가게로 가고 싶다는 말에 운전을 시작한다. 좀 진한 음식을 먹고 싶은 남자친구의 한숨 때문에 기분이 상한 여자는 남자친구와 결별하고 만다. 하지만 저녁밥을 먹고 싶었던 여자는 반 씨에게 같이 밥을 먹자고 권하고 사토미라는 가게로 함께 들어선다. 여성은 계란, 무 , 곤약, 고기꼬치 오뎅おでん을 주문해 맥주와 함께 음미한다. 반 씨는 이곳의 오뎅은 진한 맛이 난다고 손님에게 설명해 준다. 이윽고 쫄깃한 소바면을 계란으로 감싼 이 집의 원조 음식 소바로루そばロール(630엔)를 받은 반 씨도 천천히 음식을 즐긴다. 그러는 사이 갑자기 들이닥친 여성손님의 남자친구는 카운터석에서 오코노미야키お好み焼き를 즐긴다. 반 씨가 나간 이후에 이 커플은 합석해 오코노미야키를 마저 즐긴다.

소바로루는 철판에 돼지고기를 볶아 야끼소바를 만들어두고 날달걀을 펴서 익힌 뒤 야끼소바를 끝에 올리고 접듯이 지단을 말아 완성한다. 그리고 마요네즈, 머스타드, 특제소스를 발라 손님 앞 철판으로 옮겨 준다. 카운터석에서는 바로 코앞에서 주인들의 요리 솜씨와 향 그리고 소리를 만끽할 수 있다. 철판구이집에서 오뎅을 함께 파는 것도 이색적이다. 주택가에 위치한 사토미는 초대 여사장이 50여 년 전 창업했고 현재는 첫째 딸과 둘째 딸이 가게를 이어가고 있다. 참고로 이 가게는 '사랑스러운 나니와밥'이라는 드라마에서도 등장, 방송국 직원 마리나와 안내원 타나카가 오뎅을 즐겼다.

주소 大阪府大阪市生野区中川西2-18-4 영업일 11:30~24:00 (수요일 정기휴일) 교통편 오사카시영지하철 센니치마에선千日前線 이마자토역今里駅 2번 출구 도보 16분 / 킨테츠 近鉄 나라선奈良線 츠루하시역鶴橋駅 동출구東口 도보 17분

중년의 자매! 고소한 춤사위를 시작하다!

마루이한텐

まるい飯店

우연히 대만이 고향인 젊은 여성 손님을 태운 반 씨. 중국어를
할 수 있는 반 씨는 이야기를 나누다가 여성손님에게 밥을 얻어
먹게 된다. 여성은 텐신항天津飯(750엔)과 마보텐신항麻婆天津飯(750엔) 두
개를 시켜 모두 반 씨가 먹게 하고 사진만 찍어 SNS에 올린다. 반
씨는 본의 아니게 맛있는 밥을 두 그릇이나 먹었다.

마보텐신항은 텐신항보다 재료 가짓수가 조금 더 들어간 버전이
라고 생각하면 쉽다. 정작 이 집의 대표 메뉴는 가리비, 간 돼지
고기, 야채, 오징어, 새우, 계란 등을 볶아 만든 가게의 이름까지
건 마루이동이다. 연예인들의 사인이 벽을 가득 채우고 있다. 창
업은 1974년의 일로, 인기를 끌었던 것은 요시모토 소속 연예인
들이 자주 방문했었기 때문이었다. 역의 재개발로 이사를 거쳐
서 현재는 마루이치호텔 2층 구석에 위치해 있어 인기는 한 풀
꺾였다. 70대 노부부가 운영 중이다.

중화요리집답게 마파두부인 마보도후麻婆豆腐(700엔), 닭튀김인 카
라아게唐揚げ(800엔), 새우칠리인 에비치리エビチリ(800엔), 새우마요인
에비마요エビマヨ(800엔), 탕수육인 스부타酢豚(800엔), 슈마이焼売(450엔),
군만두인 야키교자焼き餃子(300엔), 볶음면인 야키소바焼きそば(750엔),
볶음밥인 챠항炒飯(750엔), 춘권인 하루마키春巻き 등의 메뉴도 다양
하다.

주소 大阪府大阪市北区兎我野町12-15 丸一ホテル 2F 전화 06-6363-2652 영업
일 18:00-21:00 (일요일, 국경일 정기휴무) 교통편 오사카시영지하철大阪市営地下鉄 타니마
치선谷町線 히가시우메다역東梅田駅 4번 출구 도보 4분

천진덮밥의 걸쭉한 늪에 빠져들다!

(i_shige_tabearuki 제공)

잇포테이 본점

一芳亭 本店

마루이한텐의 음식 사진이 좋은 반응을 얻자 중국인 여성 손님은 반 씨를 또 다른 맛집으로 데리고 가 슈마이를 주문해 먹고 역시나 사진을 가득 찍는다. 이미 배가 부르지만 잇포테이의 슈마이(しゅうまい)라면 먹을 준비가 된 반 씨는 기쁘게 젓가락을 쪼개 소스에 찍어 슈마이(1인분 5개, 350엔)를 즐긴다. 맛있게 먹는 반 씨를 보고 중국인 여성도 슈마이를 즐기기 시작한다. 반 씨는 이곳의 슈마이 껍질이 밀가루가 아닌 계란으로 만든 것이라고 설명해준다. 잇포테이의 슈마이는 돼지고기 새우 그리고 양파가 재료의 다이다. 슈마이를 밀가루가 아닌 계란으로 감싼 이유는 태평양 전쟁 때문이다. 당시 밀가루가 부족해서 계란으로 슈마이를 감싸 만들던 방식이 그대로 굳어지며 이어져 온 것이다. 건물 1층, 2층을 쓰고 있는 잇포테이는 탕수육, 팔보채, 돼지고기튀김, 고기경단, 춘권, 새우튀김 정식 등 8개의 정식메뉴가 있다. 모든 메뉴에 슈마이가 들어가는데 한마디로 반반메뉴라고 보면 된다. 양이 부담된다면 단품으로 주문해서 저렴하고 적당한 양으로 음미할 수 있다. 겨자 소스는 자칫 느끼할 수 있는 슈마이의 맛을 잡아준다. 간장과 식초를 잘 배합하면 좀 더 자극적인 맛을 볼 수 있을 것이다. 테이크아웃이 가능한 점이 반갑다. 가게 입구 왼쪽에 포장 전용 창구가 있다.

잇포테이는 드라마 '케이한연선이야기' 2화에서도 등장한다. 자신의 팬이자 개그맨 BKB를 만나게 된 소설가 쥰은 BKB로부터 슈마이를 선물로 받게 된다. 민박집으로 슈마이를 가져와 동료들과 나눠먹는데, 코코로는 "잇포테이의 슈마이다!"라고 감탄하며 향을 마구 맡기도 했다.

슈마이 총각 겨자 아가씨에 반하다.

주소 大阪府大阪市浪速区難波中2-6-22 전화 06-6641-8381 영업일 11 : 30-20 :
00 (일요일, 국경일 정기휴무) 교통편 난카이전철南海電鉄 난카이혼선南海本線, 타카노선高野線
난바역難波駅 도보 1분

카훼 츠기네 나미요시안 본점

カフェ つぎね 浪芳庵 本店

반 씨는 중국인 여성 손님에게 크레이지하고 맛있는 화과자점이 있다며 손님과 나미요시안 카페로 찾아간다. 하지만 항아리 같은 것에 담겨져 나오는 음식에 MZ 세대 중국인 여성은 기겁한다. 그러나 반 씨는 다시마와 간장이 만들어낸 소스와 숯불에 익힌 경단이 기가 막히다며 손님을 안심시킨다. 아부리미타라시단고炙りみたらし団子 이야기다. 여성 손님의 SNS 사랑을 파악한 반 씨는 도리어 어서 사진을 찍으라고 먼저 포즈를 취해주기도 한다. 두 사람은 사진을 찍고 거리낌없이 꼬치구이 경단을 즐긴다. 그리고 바닐라아이스를 받아 항아리에 남은 미타라시 소스를 올려 맛있게 먹기도 했다. 당고 소스를 바닐라아이스에 조금 올려 먹는 것이 이곳의 국룰. 주인공들처럼 먹으려면 당고 3개와 바닐라아이스크림 조합(1815엔)을 선택하면 된다.

역시 가장 인기 메뉴는 구운 경단인데, 경단은 계약 농가의 엄선된 쌀로 넓적하게 만들어 숯불에 구워낸다. 아부리미타라시단고를 맛보려면 바닐라아이스크림에 당고 3개가 함께 엮인 녀석을 주문하면 된다. 추가로 무조건 음료를 주문해야 한다.

나미요시안은 1858년 문을 연 화과자 전문점으로 카훼 츠기네는 손님들이 먹고 갈 수 있도록 병설한 카페다. 품격 있는 전통 일본가옥을 보는 듯한 외관이다. 과자, 간식 판매 코너도 있어서 좋다. 다만 손님이 머무르는 시간을 50분으로 제한하고 있으니 미타라시당고만 테이크아웃(당고 6개 들이, 1188엔)하는 것도 좋은 방법이다. 카페 1층은 완전 예약제이고 2층은 대기순이다.

주소 大阪府大阪市浪速区敷津東1-7-31 전화 06-6641-5886 영업일 평일 11:00-18:15,토, 일, 국경일 11:00-18:45 (부정기적 휴무) 교통편 오사카시영지하철大阪市営地下鉄 미도스지선御堂筋線, 욧츠바시선四つ橋線 다이코쿠쵸역大国町駅 1번 출구 도보 5분

메뉴도 가게도
인스타 각 그 자체!
(_hideha7916_ 제공)

타코노테츠 카쿠다점

蛸之徹 角田店

꼬마 손님을 태운 반 씨. 그러나 목적지에 도착한 뒤 돈이 없다는 말에 당황한다. 다행히 손님의 아빠(이혼해서 잘 만나지 못했던)에게 돈을 받게 되는데, 반 씨는 시무룩한 꼬마 손님이 안타까워 뭐라도 먹자며 스스로 만들어 먹는 타코야키집을 찾아간다. 꼬마는 스스로 만드는 것에 흥미를 느끼며 부모가 이혼한 가정사 등 속마음을 반 씨에게 털어놓는다. 두 사람은 타코야키たこ焼き와 소다음료수(300엔)를 즐기며 시간을 보낸다. 한편 아들이 집에 돌아오지 않는다는 전처의 연락을 받은 꼬마손님의 아버지는 유괴당한 것으로 착각, 타코야키 집으로 찾아오기도 했다.

가게 간판에 머리를 긁적이는 듯한 문어가 크게 달려 있는 것이 귀엽다. 점내는 연예인들의 사인으로 가득하다. 직접 구워 먹는 개념의 가게이므로 타코야키를 주문하면 재료는 점원이 가져다 준다. 철판에 기름을 잘 발라주고 타코야키와 파를 올린 뒤 국물을 가득 부으면 5분 정도면 적당히 익기 시작한다. 이때 평평하고 반숙되어 들러붙는 녀석을 잘 굴려 둥글게 만들어야 하는데 엉망진창이 될 것 같으면 점원이라는 구원투수를 부르면 어떻게 해서든 둥글게 만들어준다. 타코야키판은 한 테이블에 4X3구짜리가 3개 붙어 있어 한번에 총 36개를 구울 수 있다. 기본적인 타코야키 12개 1인분(720엔), 새우와 고기가 들어간 타코노테츠야키蛸之徹焼き(790엔) 등의 메뉴가 있다. 가격이 이렇게 책정되어 있지만 2인 3100엔의 코스를 주문해 먹는 것이 편하고 좋다. 이 코스에는 미니샐러드, 타코야키, 오코노미야키, 문어다리구이, 음료수 2잔, 오늘의 디저트까지 포함한 가격이기 때문이다. 가게는 무려 1979년 창업이다.

주소 大阪府大阪市北区角田町1-10 くろふねビル 1F 전화 050-5869-8099 영업일 11:30~23:00 (부정기적 휴무) 교통편 한큐전철阪急電鉄 한큐선阪急線 우메다역梅田駅 H16, H28 출구 도보 3분

왔노라! 만들었노라! 먹었노라! 타코야키 혁명.

(tomo_metal_v 제공)

...

Kansai

『카모, 교토에 가다. 노포 여관의 여장 일기』 속 그곳은…!

鴨、京都へ行く。-老舗旅館の女将日記-

도쿄대학교까지 졸업한 28세의 엘리트 여성 우에바 카모는 도쿄 재무성에서 일하다가 어느 날 갑자기 어머니가 돌아가시면서 교토의 고급 료칸 우에바야를 이끌게 된다. 하지만 어머니가 정성으로 일군 료칸에는 정작 빚만 잔뜩 있었다. 교토를 싫어하는 카모지만 재무 전문가답게 료칸을 슬림화하고 불필요한 지출을 최소화하며 료칸 정상화에 힘쓴다. 그러나 해고되는 직원과의 갈등은 깊어지고 고급 료칸이란 명성에도 흠이 가기 시작한다. 다행히 카모의 곁에는 교토를 사랑하는 컨설팅 전문가 키누카와가 있는데….

카모가와카훼

かもがわカフェ

파워가 센 재무대신이 자신의 료칸에 묵자 해고한 요리 담당 직원에게 요리를 부탁한 카모. 해고된 직원은 카모에게 고급 식재료를 부탁한다. 카모는 식재료들을 구하러 다니느라 아침부터 식사 한 끼조차 하지 못했다. 그래서 쿄스케와 함께 카모가와 카훼 카운터석에서 샌드위치 혹은 크로크무슈를 즐기게 된 것이었다. 쿄스케는 쇼트케이트에 커피를 즐겼다.

카모가와카훼에는 햄과 체다치즈가 들어간 하무토체다치즈산도ハムとチェダーチーズサンド(860엔), 계란이 들어간 타마고산도たまごサンド(890엔), 버섯의 허브마리네 크림치즈 샌드위치인 키노코노하브마리네토크리무치즈산도きのこのハーブマリネとクリームチーズサンド 세 종류의 샌드위치가 있지만 오후 3시에서 5시 사이에만 파는 시간제한 메뉴. 샌드위치와 생김새가 흡사한 크로크무슈(1380엔) 메뉴도 있다. 드라마의 장면만 봐서는 어떠한 메뉴인지 분간이 되질 않지만 샌드위치든 크로크무슈든 즐기기에 나쁘지 않을 듯 싶다. 쿄스케가 즐긴 삼각 쇼트케이크와 비슷한 메뉴는 쇼트 치즈케이크(500엔)가 있다.

골목길에 위치한 가게는 2층에 위치해 있는데 간판에 오리 그림이 인상적이다. 가게 내부에도 오리 인형들이 곳곳에 있다. 계단을 올라 2층에 착석하기 전에 카운터에서 주문을 하고 자리에 앉는 시스템이다. 계단을 다 오르면 오른편에 많은 만화와 잡지 그리고 레코드들이 즐비하게 진열되어 있다. 가게에는 잔잔하게 노래가 흐른다. 매일 바뀌는 런치日替りお昼ごはん가 있어 매일 새로운 점심을 맛볼 수 있다. 고정된 런치는 카레라이스カレーライス(830엔), 수프와 빵(750엔) 메뉴가 전부다. 수제로 만들어내는 음식이므로 나오기까지 30분 정도는 기다리도록 하자.

2층 카페에서 I AM 행복이에요.

주소 京都市上京区上生洲町229-1 전화 075-211-4757 영업일 12:00-22:30 (넷째 주 수요일 정기휴무, (첫째 주와 셋째 주 수요일은 18:00에 영업종료)) 교통편 케이한전철 京阪電鉄 오토선鴨東線 진구마루타마치역神宮丸太町駅 3번 출구 도보 6분

코히 유니온

COFFEE ユニオン

카모에 의해 실직 당한 료칸 직원들이 모여 구직 관련 서적을 보던 카페다. 다들 우울한 와중에 카모가 이들을 다시 고용하고 싶다고 발언해 카페가 시끌벅적해진다.

코히 유니온은 드라마 '잠시 교토에 살아보았다' 2화에서 주인공 카나를 비롯, 교토의 아침을 즐기는 모임 2인방까지 합세해 계란토스트인 타마고토스토卵トースト(400엔)와 커피인 코히コーヒー(400엔)를 즐긴 다방으로도 등장했다. 카나는 짐을 풀고 천천히 다방의 오래된 그림을 즐겼다. 참고로 이 그림은 교토의 화가였던 카타야마라는 사람이 그려준 그림이라고 한다. 그림 왼편 아래에서 '1953.1.15.'라는 날짜를 볼 수 있다. 카나는 바삭한 토스토를 즐기며 행복해하는 한편, 이런 오래된 다방들이 줄어드는 것을 아쉬워했다.

게다가 이 찻집은 '과수연의 여자' 시즌20 2화에서도 등장한다. 과학수사연구소의 마리코와 형사 칸바라가 사코타라는 남자에게 사망사건과 관련한 알리바이를 청취하던 카페다. 카페 앞에서 마리코는 남자에게 관을 옮기는 자세를 취해보라고 시켜 감시카메라에 찍혔던 자가 사코다임을 현장에서 밝혀낸다.

1953년 개업한 유니온은 길고 넓은 민트색 캐노피가 눈길을 끈다. 하얀 받침 위에 올라간 하얀 찻잔에 유니온이라는 가게 이름이 적혀 있다. 디저트라고는 계란말이가 올라간 토스트나 샌드위치 2개가 전부다. 가게에는 TV가 켜져 있고 잡지나 신문을 보면서 커피를 마시는 손님이 있다. 가게는 50대 주인아저씨와 그의 어머니가 운영 중이다.

주소 京都府京都市中京区室町通二条下ル蛸薬師町281 전화 075-231-0526 영업일 08:00-17:00 (토, 일, 국경일 정기휴무) 교통편 교토시영지하철京都市営地下鉄 카라스마선烏丸線, 토자이선東西線 카라스마오이케역烏丸御池駅 2번 출구 도보 6분

오래된 카페에서의 토스트 그리고 커피.

칸슌도 본점

甘春堂 本店

우에바야의 지배인 격인 마리코 씨는 영업 재개 첫 손님에게 교토의 유명 화과자점인 칸슌도의 조개과자라는 이름의 카이아와세貝合わせ를 내어놓는다. 이 조개과자는 대합 조개껍질 위에 핑크색 둥그런 젤리같이 보드라운 녀석이 들어찬 녀석이다. 과자라고 하기에도 떡이라고 하기에도 뭐한 모호한 디저트다. 카모는 우에바야에서 급작스럽게 출산했던 모녀 손님을 접객하게 되는데 역시나 칸슌도의 카이아와세貝合わせ(465엔)를 내어 놓았다.

또한 5화에서는 컨설턴트 키누카와가 료칸 여주인조합 대표인 우메가키 스즈카에게 아침 이슬이라는 뜻을 가진 칸슌도의 아사츠유朝露 화과자를 선물하는 장면도 있었다.

카이아와세는 헤이안平安 왕조 귀족의 놀이인 그림이 그려진 조개 짝 맞추기 게임에서 '조개'라는 것에 창의력을 발휘해 만든 화과자라고 한다. 시원한 칡과 고사리 가루로 감싼 계절의 팥소가 고급스러운 맛을 은은하게 전하는 행운의 생과자라고 업체 측은 설명하고 있다. 단 계절에 따라 과자의 내용물과 색이 다른데 봄에는 핑크의 벚꽃팥소, 여름에는 녹색의 녹차팥소, 가을에는 노란 유자팥소, 겨울에는 검은콩이 들어가는 차이가 있다. 본래 히나마츠리ひなまつり라는 축제 때만 팔던 과자인데 수요가 많아져서 1년 내내 파는 메뉴가 되었다고 한다. 고사리와 칡으로 만들었다는데 투명한 점이 특이하다. 조개껍질에 내용물을 채워 넣는 방식이다 보니 수고가 많이 들어간 것임을 직감할 수 있다. 칸슌도는 아주 먼 옛날에는 과자 가게가 아니라 민박집을 했다고 한다. 현재는 7대 주인인 키노시타 씨가 운영 중이다.

주소 京都府京都市東山区上堀詰町292-2 전화 075-561-4019 영업일 09：00-18：00 (1월1일, 2일만 쉼) 교통편 케이한전철京阪電鉄 케이한혼선京阪本線 시치죠역七条駅 5번, 6번 출구 도보 3분

진짜 조개껍질에
젤라틴을 채워 넣다니….

제제칸뽓치리

膳處漢ぼっちり

카모가 어렸을 적부터 절친인 남자사람 친구 쿄스케에게 '료칸을 지키기 위해 잘 나가는 남자친구를 따라 워싱턴에 가지 않는다'라고 속내를 털어놓은 중화 레스토랑이다. 카모는 료칸을 지키기 위해 도쿄의 재무성 생활도 남자친구도 포기한 것이다. 쿄스케에게 속마음을 털어놓은 카모는 손이 후련해져 쿄스케를 버려두고 일찍 자리를 뜬다. 손님의 반지 도난 사건이 무사히 해결되고 카모는 키누카와 그리고 쿄스케와 함께 다시 이 식당의 구석 BAR를 찾아 술을 마시기도 했는데 반지를 잃어버렸던 여성 손님으로부터 장문의 사과와 감사의 글을 받고 감동한다.

이 BAR는 창고를 리모델링해서 만든 곳으로 중화식당의 가장 구석에 위치해 있다. 200평이 넘는 식당 건물 자체는 1935년 지어진 본래 정취가 있는 포목점이었는데 리모델링을 통해 2003년 중국 레스토랑과 bar로 탈바꿈했다. 커다랗게 중앙정원이 있어 뭔가 더 근사하게 느껴진다. 와인, 키위나 귤 같은 계절과일을 사용한 칵테일, 위스키, 샴페인 주력 바이다. 드라마 촬영은 바 1층 카운터석에서 이뤄졌다. 바 2층은 소파로 이뤄진 개실이 2곳 있다.

가장 인기 있는 런치는 뜨끈한 뚝배기에 나오는 매콤한 사천마파두부四川麻婆豆腐膳(1320엔)다. 가장 인기 있는 간식은 돼지고기만두인 부타망豚まん이다.

주소 京都市中京区天神山町283–2 전화 075–257–5766 영업일 식당영업 11:30–14:00, 17:00–21:00 (연말연시만 쉼) / 바 영업 17:00–23:30 교통편 교토시영지하철京都市営地下鉄 카라스마선烏丸線 시죠역四条駅 2번 출구 도보 6분

교토 중심에서 중국을 만나다!

(sakurako_itsuki 제공)

쥬반세루 오이케점

jouvencelle 御池店

카모와 키누카와 그리고 주방장인 히데가 최근 맛이 변했다는 두부 가게에 찾아가 부탁을 하며 선물로 준 사가노지さがの路(519엔) 화과자를 파는 가게. 주인장은 자신이 좋아하는 간식을 알고 있다며 기뻐하고 한 사람씩 방으로 들어올 때마다 한 개씩 꺼내 내어 주었다.

홋카이도산 크림치즈를 사용한 사가노지는 쥬반세루의 간판 간식이다. 단 하나를 구매해도 포장이 거창해서 미안할 지경으로 정성이 대단하다. 네모난 이 화과자는 대나무 이파리에 싸여 꼬지가 꽂혀 있는 모습이 특징으로 농후한 레어치즈케이크 속에 쑥과 팥소, 유자로 만든 각각의 떡을 동그랗게 집어넣은 모양이 독특한 간식이다. 맛 또한 진하고 좋다. 쥬반세루는 교토에만 3 점포가 있으니 가까운 가게로 가도 상관은 없다. 프랑스어인 쥬반세루는 '아가씨'라는 뜻이다. 여성의 부드러운 감성을 살려가 겠다는 뜻으로 지었다고 한다. 쥬반세루는 1988년 창업한 교토 화과자점이다. 우지 맛챠抹茶와 가나슈가 만난 케이크인 교토고 엔京都ごえん, 교토 삼나무를 형상화한 초콜릿, 검은 콩과 밤이 들어간 파운드케이크竹取物語, 아몬드 케이크, 미니 크레페인 맛챠코르넷타抹茶コルネッタ, 딸기쇼트케이크인 마이비토まいびと 등의 디저트를 판매 중이다. 오이케점에서는 점내에서 먹을 수 없지만 기온점에서는 카페를 겸하고 있으므로 사가노지와 차가 세트인 메뉴를 2층에서 즐겨보는 것도 좋을 듯하다.

주소 京都市中京区御池通り高倉西入高宮町216 전화 075-231-7571 영업일 09:30–19:00 (부정기적 휴무) 교통편 교토시영지하철京都市営地下鉄 카라스마선烏丸線, 토자이선東西線 카라스마오이케역烏丸御池駅 1번 출구 도보 3분

이파리 속, 진하고 고소한 치즈케이크.

『사랑스런 나니와밥』 속
그곳은…!

愛しのナニワ飯

드라마 촬영을 위한 로케이션 장소들을 취재하기 위해 오사카역에 내린 미모의 여성 스탭 마리나. 하지만 그녀는 얼굴에 근심이 가득하다. 그도 그럴 것이 그다지 도움이 되지 않을 것 같은 옷차림의 이상한 오사카 아저씨가 로케이션 코디네이터를 자처하며 다가왔기 때문이다. 하지만 이 이상한 오사카 아저씨 타나카는 오사카의 맛있고 재미난 가게들을 마리나에게 잔뜩 소개해주는데….

마츠야

松屋

미덥지 않은 오사카 가이드 아저씨를 따라 방송국 제작진 마리나가 처음으로 당도한 가게는 아부라카스油かす가 들어간 아부라카스우동油かすうどん(490엔)이 유명한 마츠야다. 오사카 아저씨인 타나카는 오사카의 명물이라며 마리나에게 소개했다. 아부라카스는 소의 창자를 잘게 썰어 저온으로 튀긴 녀석이다. 튀긴 음식이라 느끼할 것 같지만 저온에서 튀겨 내장의 지방이 제거되었기 때문에 산뜻하다. 깔끔한 맛에 마리나는 오사카 가이드 아저씨를 신용하기 시작한다.

도구상점가 골목 모퉁이에 자리한 마츠야는 카스우동 외에도 새우튀김이 들어간 에비텐우동えび天うどん(340엔), 고기와 카레가 들어간 니쿠카레우동肉カレーうどん, 다시마가 들어간 콘부우동昆布うどん(310엔), 돈까스 덮밥인 카츠동カツ丼(420엔), 계란닭고기덮밥인 오야코동親子丼(320엔) 등의 메뉴가 있다. 가격이 저렴해 기분 좋은 가게다. 가게 안팎에 식권판매기가 있기 때문에 식권을 사면 된다. 가성비와 아부라카스에 승부를 건 탓인지 우동면은 이미 삶아놓고 주문이 들어오면 다시 삶아서 금방 내놓을 수 있는 공산품을 쓰는 것 같았다. 아부라카스우동은 예상보다는 느끼하지 않았다. 혹여 좀 느끼하다 싶으면 간 마늘이나 시치미를 첨가하면 좋다. 우동이나 소바로 부족하다면 아크릴 쇼케이스에 보관된 주먹밥(2개 140엔)을 추가해도 좋을 것이다. 유명한 연극장이 주변에 있어서인지 연예인들의 사인이 가게 벽에 3열 횡대로 깔끔하게 붙어 있다. 카운터석에서는 오픈 주방의 일하는 모습을 생생하게 코앞에서 볼 수 있다.

주소 大阪府大阪市中央区難波千日前13-1 전화 06-6633-3331 영업일 08:00-22:30 (연중무휴) 교통편 오사카시영지하철大阪市営地下鉄 미도스지선御堂筋線 난바역難波駅 도보 3분

느끼하다는 선입견은 금물!

아이즈야 본점

会津屋 本店

방금 우동을 먹었는데 곧바로 타코야키집을 향해 돌진하는 로케이션 코디네이터 타나카. 마리나는 비가 올지도 모르고 더욱이 촬영하기에 실내가 좋다며 말리지만 아랑곳하지 않는다. 타나카는 마리나에게 뜨끈한 타코야키를 권한다. 달콤한 소스가 없는 것에 당황한 마리나에게 이것이 진정한 오사카의 타코야키라며 타코야키의 기원에 대해 설명해준다. 마리나는 맛있는 타코야키와 타나카의 설명에 카메라를 들고 촬영을 시작한다.

새빨간 가게 건물이 멀리서도 인상적으로 다가온다. 점두에서 타코야키를 굽는 직원들이 손님들을 반긴다. 점내에는 앉아서 먹을 수 있는 공간이 있고 간단한 소스도 있다. 점내 한켠에는 만화 '맛의 달인' 77권이 진열되어 있어 아이즈야가 만화에 등장한 장면을 확인할 수 있다. 만화에서는 주인공 지로가 타코야키에 대한 안 좋은 선입견을 가지고 있던 신문사의 관리자, 외국인 블랙을 데리고 오사카까지 데려갔다. 지로는 아이즈야의 주인에게 부탁해 타코야키 만드는 법부터 보여주고 의심하는 자들에게 먹게 해 원조 타코야키의 순수함을 설파한 가게로 등장했었다. 드라마와 만화에서 모두 확인할 수 있듯 이 집은 기본적으로 소스나 가다랑어포 등을 토핑하지 않는다. 밀가루국물에 오롯이 문어만 한 조각 들어가는 타코야키의 그야말로 원조다. 2016년부터 권위 있는 미슐랭가이드 빕 구르망에 3년 연속 선정되었다.

주소 大阪府大阪市西成区玉出西2-3-1 전화 06-6651-2311 영업일 11:00-21:30 (연중무휴) 교통편 오사카시영지하철大阪市営地下鉄 요츠바시선四ッ橋線 타마데역玉出駅 1번 출구 도보 2분

타코야키의 진정한 원조를 만나다!

시치후쿠진 본점

七福神 本店

정말 좁은 가게지만 마리나는 사실 쿠시카츠 마니아여서 먹기도 전에 맛있겠다며 감탄사를 연발한다. 마리나는 마 꼬치구이인 야마이모카츠山芋カツ(165엔)를, 타나카는 새빨간 초생강인 베니쇼가紅生姜(110엔) 튀김을 먹었다. 위생상 두 번 소스를 찍는 건 금지라는 가이드 타나카의 말에 마리나는 양배추로 소스를 덜어 한 번 베어 물었던 마 튀김에 뿌려 먹는 기술을 선보였다.

주인공들이 먹었던 메뉴들은 한국이라면 접하기 쉽지 않은 튀김 꼬치이니 한번 주문해보자. 텐진바시스지상점가天神橋筋商店街에 위치한 이 가게는 튀김꼬치와 오뎅이 대표적인 메뉴다. 생맥주 첫 잔이 100엔이라는 말도 안 되는 가격 정책을 펼쳐 손님들을 불러 모으고 있다. 감자(110엔), 연근れんこん(110엔), 고구마サツマイモ(110엔), 가지ナス(110엔), 표고버섯シイタケ(110엔), 초생강紅生姜(110엔), 방울토마토プチトマト(110엔), 보리멸キス(110엔), 붕장어穴子(110엔), 맵지 않은 파란 고추ししとう(110엔), 츠쿠네つくね, 치쿠와(110엔), 양파(110엔), 우엉ごぼう(165엔)닭가슴살ささみ(165엔), 비엔나소시지ウィンナー(165엔), 코롯케コロッケ(165엔), 마늘ニンニク(165엔), 정어리イワシ(220엔), 까망베르치즈(220엔), 오징어다리ゲソ(220엔), 문어タコ(275엔), 새우エビ(275엔), 곤약コンニャク(275엔), 아스파라거스アスパラ(275엔), 연어サーモン(330엔), 돼지 로스豚ロース(220엔) 튀김꼬치구이 등이 있고 가격은 110엔부터 시작하는 착한 가격의 가게다. 테이크아웃이 가능한 점과 한국어·영어 메뉴판이 있는 것이 반갑다.

주소 大阪府大阪市北区天神橋5-7-29 전화 06-6358-3311 영업일 11:30-15:00 17:00-22:30 (월요일은 쉼) 교통편 JR 오사카칸죠선大阪環状線 텐마역天満駅 출구 1개소, 도보 5분

키스,
야마이모,
베니 쇼가,
치쿠와 !

빗소리로 들리는 뜨끈한 튀김의 안도감.

마츠리야

まつりや

꼬치구이집에서 나와 방송국 직원 마리나와 오사카 맛집 가이드 타나카가 가게 된 마츠리야. 이들이 맞이한 요리 치리토리나베ちりとり鍋는 곱창구이에서 발전한 요리로 오사카발 한국식 스키야키すき焼き라고 타나카는 마리나에게 설명했다. 치리토리나베가 한국말로 쓰레받기 냄비라는 뜻인데, 냄비가 쓰레받기 모양이라 이렇게 요상한 이름이 되었다고 타나카는 마저 설명한다. 쓰레받기라는 이름이 음식명에 들어가지만 마리나는 맛있게 고기들을 음미한다.

맛있게 먹는 방법이 벽에 걸려 있다. 그 방법이란 간을 먼저 매콤달콤한 소스로 익혀먹는 키모야키キモ焼(748엔)를 즐기고 이후 간장 맛의 마츠리모리まつり盛(968엔)와 된장 맛의 헤르시모리ヘルシー盛(660엔)를 믹스해서 먹는다. 그리고 최종적으로 남은 고기국물에 우동면이나 밥을 넣어 먹는다는 것이다.

마츠리야는 치리토리나베의 원조집인 만자이바시万才橋라는 가게의 피를 나눈 형제점이다. 만자이바시의 아들이 운영하는 가게다. 만자이바시는 아버지 세대가 창업했던 가게인데, 철공소를 했던 아버지가 직원들에게 고기를 먹이려고 철판을 공장에 있던 공구를 이용해 구부려서 고기를 구워 먹으며 시작했다고 한다. 공장 앞에서 가게를 내고 장사를 했지만 고기의 정식 명칭도 없이 팔았다. 정작 이름이 붙여진 건 마츠리야가 생기고 난 후의 일이다. 마츠리야를 취재하러 온 기자가 쓰레받기 전골이란 뜻의 치리토리나베라고 하면 어떻겠냐고 해서 이런 이름이 생겼다고 한다.

주소 大阪府大阪市中央区心斎橋筋1-3-12 田毎プラザ ビル1F 전화 06-6251-3588 영업일 월~토 18:00~23:00, 일요일, 국경일 17:00~22:00 (화요일 정기휴무) 교통편 오사카 시영지하철大阪市営地下鉄 미도스지선御堂筋線, 나가호리츠루미료쿠치선長堀鶴見緑地線 신사이바시역心斎橋駅 5번, 6번 출구 도보 3분

볶음요리든 국물요리든 뭣이 중헌디?

(yah_man6630 제공)

뉴라이토
ニューライト

세이론라이스セイロンライス(600엔)를 주문하는 맛집 가이드 타나카의 말에 궁금증이 생긴 방송국 직원 마리나. 그녀의 질문에 타나카는 "세이론 라이스는 고기와 양파에 카레, 데미그라스 소스, 라멘 수프를 섞은 특제 루를 얹은 밥으로 이 가게의 오리지널 요리예요."라고 친절히 설명해준다. 마리나는 타나카의 안내를 받아 날달걀을 잘 섞어 맛있게 즐긴다. 마리나는 돈카츠 토핑인 카츠노세カツのせ를 추가 주문해 음미하기까지 한다.

손님의 80퍼센트가 주문한다는 명물 세이론라이스 이외에 카레라이스, 하야시라이스ハヤシライス, 오무라이스オムライス, 바타라이스バターライス, 치킨라이스チキンライス, 에비라이스エビライス 등도 이집의 인기 메뉴다. 세이론라이스를 담은 금속 그릇은 적어도 한국에서는 사용하지 않을 법한 아주 옛날 느낌이 뿜뿜 풍긴다. 3가지 종류의 소스가 섞인 세이론라이스는 성격 급한 주인이 어차피 입안에 다 들어갈 테니 섞어 버리자는 마음으로 만들게 되었다고 한다. 세이론라이스라는 이름 자체는 40년 이상을 운영 중인 현재의 2대 여주인도 유래를 모른다고 한다. 초대 창업주인 작은 아버지로부터 가게를 이어받았는데 미처 물어보지 못해 손님들이 유래를 물어볼 때 매번 난감하다고 한다.

가게 외관은 포스터들로 덕지덕지 가려져 있어 장난감 완구점 같기도 하고 다소 답답하다. 가게 벽면에는 엄청난 수의 연예인들 사인이 장식되어 있다. 1959년부터 아메리카무라アメリカ村에서 사랑받아 온 유명한 맛집이다.

주소 大阪府大阪市中央区西心斎橋2-16-13 宝泉ビル1F 전화 06-6211-0720 영업일 11：00-20:00 (일요일 부정기적 휴무) 교통편 오사카시영지하철大阪市営地下鉄 요츠바시선 四つ橋線 요츠바시역四ツ橋駅 26-B 출구 도보 6분

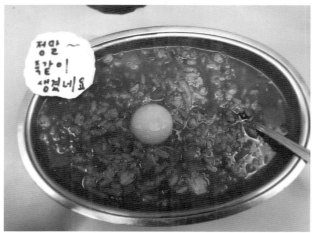

정말~ 똑같이 생겼네요

전세계 하나 뿐인 오리지널 세이론라이스!

『과수연의 여자』 속
그곳은…!

科捜研の女

교토에 있는 과학수사연구소의 연구원인 중년의 여성 마리코. 그녀는 살인사건이 일어날 때마다 경찰들을 도와 사망자의 유품, 상처, 무기, 족적, 머리카락, DNA, 동선 등을 활용해 용의자를 특정하거나 추리하는 데 애쓴다. 이따금 경찰들의 실습 수업을 가르치기도 한다. 또한 그녀의 곁에는 각자의 장점이 확실한 듬직한 과학수사연구소의 선후배들이 함께 한다. 오늘은 과연 어떤 사건들이 어떤 음식점들과 카페에서 그녀를 기다릴까?

기온탄토

祇園たんと

극의 시작부터 밥을 먹으러 일부러 기온에 온 마리코와 과학수
사연구원 사람들의 모습을 보여준다. 지나치게 많은 대기 행렬
에 그냥 가자고 하지만 막내 연구원의 성화에 못 이겨 줄을 서고
지나가는 게이샤의 모습을 천천히 구경한다. 카메라는 가게의
이름을 실제 그대로 노출시키며 입간판 메뉴까지 친절히 클로즈
업해주었다.

확실히 기온탄토의 평일 런치를 이용하면 저렴한 가격에 오코노
미야키를 즐길 수 있다. 가게 이름인 탄토는 사투리로 '많이'라
는 뜻이다.

가게의 크기는 테이블 6개 정도로 작기 때문에, 예약 없이 식사
시간대에 방문하면 1시간 대기를 각오해야 한다. 어쩐 일인지
일본인보다는 외국인이 더 많이 보이는 가게다. 가게의 나무 문
을 옆으로 밀고 들어서면 신발을 벗고 들어가야 하는데 신발장
이 옛날 목욕탕의 신발장 느낌이다.

철판구이鉄板焼き, 오코노미야키お好み焼き, 야키소바焼きそば, 야키우
동焼きうどん, 네기야키ネギ焼き가 메뉴의 메인 카테고리로 여러 가지
부재료를 추가할 수 있다. 오코노미야키 한 장과 야키소바에 맥
주 한 잔을 음미하면 꽤 배부른 한 끼를 만끽할 수 있을 것이다.

교토스러운 외관의 탄토는 노란 노렌이 인상적이다. 가게 옆으
로 실개천이 흐르고 있는데 귀여운 다리 타츠미바시도 있어 풍
취가 있다. 참고로 시라카와 개천이 잔잔히 흐르는 타츠미바시巽
橋는 추후에 소개할 애니메이션 '방과 후 주사위클럽'에서 주인
공들이 다리 난간에 앉아서 아이스크림을 먹는 장면에 등장하기
도 했다.

주소 京都府京都市東山区清本町372 전화 075-525-6100 영업일 12:00-14:30, 17:00-
21:30 (부정기적 휴무) 교통편 케이한전철京阪電鉄 케이한혼선京阪本線 기온시죠역祇園四条駅 8
번 출구 도보 5분

타츠미바시! 로맨틱! 성공적!

(takanorimizugaki 제공)

그란마부루 화쿠토리점

GRAND MARBLE ファクトリー店

유명 화가를 사칭해 옛날 미녀 동료와 재회했던 사망자 와타나베 다이스케와 그의 아르바이트 동료들이 근무하는 곳으로 등장하는 빵 맛집이다. 이들의 집단 사칭 행각의 알리바이를 캐러 도몬, 칸바라 형사 그리고 와타나베 다이스케의 옛 동료였던 후루마치 시즈쿠가 방문하기도 했다.

가게 외관은 온통 새하얗고 내부도 정갈하다. 모양은 단순 식빵이지만 빵안의 색도 내용물도 특이한 데닛슈식빵デニッシュ食パン으로 유명한 빵집이자 공장을 겸한 직매점이다. 데닛슈식빵은 덴마크 발상의 빵이라고 한다. 무화과, 초코, 딸기, 말차, 플레인, 퐁당쇼코라, 콩고물떡, 일본식 몽블랑, 메이플카라멜, 치즈베이컨, 모카쇼코라, 밤, 호박 맛 등의 선물용 데닛슈 상자가 인기다. 색과 모양이 얼핏보면 마치 명품브랜드 에르메스의 포장 상자와 비슷하다. 많은 양이 부담스럽다면 식빵 4장이 개별포장으로 들어간 미니 상자(1000엔)를 구입해도 좋다. 오렌지망고 같은 기간한정 데닛슈도 존재한다. 가장 인기 있는 데닛슈는 교토산쇼쿠京都三色라는 이름의 녀석으로 세 가지 맛이 나는 세 가지 색의 데닛슈다.

공장직매점이기에 시간대를 맞추면 방금 구운 빵을 먹을 수 있는데, 매일 빵이 구워져 나오는 시간을 공지하고 있다. 공장을 겸한 가게이기 때문에 근처에 가면 달달한 향기가 나기 시작한다. 그란마부루는 1996년 문을 열었다.

주소 京都府京都市南区上鳥羽北島田町93番 전화 075-682-1200 영업일 10:00~18:00 (연중무휴) 교통편 킨테츠近鉄 교토선京都線 카미토바구치역上鳥羽口駅 북출구北口 도보 10분

다만 식빵에서 구하옵소서. 식빵의 유혹.

다이토쿠지 스시쵸

大德寺 鮨長

극중 1년 예약이 꽉 찬 인기 스시 장인 와카스기의 집으로 등장한다. 그래서 유명 호텔에 출점할 후보자들의 평가까지 맡기도 한다. 스시 장인 와카스기는 본인의 가게에서 홀로 스시를 먹고 있었다. 그는 그러다 탈락했다는 이야기를 들은 출점후보자 토모베 나츠오에게 카운터석에 있던 스시장인 양성학교 교장의 사원증 끈으로 목이 졸려 살해당한다. 이곳이 바로 다이토쿠지 스시쵸다.

점심시간을 이용하면 고급 니기리즈시にぎり鮨 런치셋트를 5500엔에 맛볼 수 있다. 이 가게는 120년 된 집을 리모델링했다고 하는데 천장이 높아 개방감이 넘친다. 료칸을 함께 경영하는 점도 재밌는데, 여관과 초밥 맛보기를 한꺼번에 할 수 있는 숙박플랜 등이 있으니 료칸에 묵을 계획이 있다면 더 반가운 가게다.

주인 부부의 친절한 접객이 정평이 나 있다. 개점시간을 기다렸다가 시간이 지나도 개점을 하지 않기에 전화를 하니 오늘 비가 와서 런치 예약이 없어 하루 쉬려고 했다고 해서 포기하려 했는데 괜찮으니 들어오라고 하셔서 특별히 단 1명을 위한 접대를 받을 수 있었다. 주인아저씨는 중국 무술 배우같이 매서운 인상의 소유자였으나 아내와의 접객은 다정했다. 못 먹는 부위가 있냐고도 물어봐주셨다.

도쿄 아카사카에서 40년 가게를 하다가 교토로 온 지는 6년 되었다고 하셨다. 이곳에서 '유류수사' 촬영을 했었는데 여배우인 쿠리야마 치아키가 밥도 먹고 갔다고 한다. 찾아보니 '유류수사' 시즌7 9화에서 주인공 칸자키와 경찰 히무로 쇼타 경사가 스시와 술을 즐기며 과거 자신들이 만났던 사건을 회상하던 곳으로 스시쵸가 등장했다.

주소 京都府京都市北区紫野上門前町34 전화 075-493-6555 영업일 11:30-14:00, 17:00-21:00 (목요일 정기휴무) 교통편 교토시영지하철京都市営地下鉄 카라스마선烏丸線 키타오지역北大路駅 1번 출구 도보 17분

비 오는 날, 스시집을 전세내다.

스시이와

すし岩

목이 졸려 사망한 스시 장인 와카스기 노보루가 구겨버린 종이
에 4명의 스시장인과 그들에 대한 평가가 새겨져 있었다. 이 4명
은 모두 교토의 유명호텔에 출점을 겨룰 후보자들이었다. 마리
코는 이 4명 중 범행동기를 가진 자가 있을지 모른다는 생각에
첫 번째 스시 장인인 토모베 나츠오라는 자의 스시집으로 진격
한다. 그리고 니기리즈시를 받아 연구소로 돌아간다. 토모베 나
츠오라는 사장은 자신의 손가락에 묻은 와사비가 자신의 범행을
증명할 거란 생각을 하지 못했다.

영어에 능통한 오니시 토시야 오너 쉐프가 운영하는 스시 가게
로, 음식값은 높은 편이고 음식이 나오는 속도가 느리다. 가게
내부 벽 한쪽에는 옛날에 이 가게에 방문했던 스티브 잡스의 사
인과 문구가 액자로 걸려 있다. 스티브잡스는 아마토로라는 초
밥을 가장 좋아했다고 한다. 벽에 걸린 시계에는 숫자 대신 초밥
모형이 달려 있는 점도 재미다. 외국 손님들이 많아서 그런지,
술장고에는 와인과 샴페인 등이 보인다.

주문하지 않아도 강제로 나오는 유료안주인 '오토시'에는 매오
징어, 단호박, 가리비 관자 등이 나오는데 2000엔이다. 초밥은
특선고베소고기(1000엔), 붕장어인 아나고穴子(700엔), 붉은 도미인
타이タイ(700엔), 참치인 마구로マグロ (700엔), 가다랑어인 카츠오かつお
(700엔), 연어알인 이쿠라イクラ(700엔), 연어인 샤케鮭(600엔), 전어인 코
하다こはだ(500엔), 정어리인 이와시いわし(500엔)등이 있고 회는 제철
생선 모둠회 3500엔 등이 준비되어 있다. 점심은 평균 8000엔,
저녁식사는 평균 10000엔을 예상해야 한다. 가격이 높은 편이
고 음식값에 서비스료가 5% 가산되니 예산을 짤 때 주의하자.

주소 京都市下京区下珠数屋町通間之町角 전화 075-371-9303 영업일 12:00-14:00,
17:00-22:00 (월요일 정기휴무) 교통편 케이한전철京阪電鉄 케이한혼선京阪本線 시치죠역七条
駅 2번 출구 도보 10분

스티브잡스마저 사로잡았던 초밥집.

(don.saotome.gentle 제공)

마루후쿠스시

丸福寿司

사망자가 구겨버린 평가표에 x표가 새겨진 마루후쿠 마사시의 스시집으로 등장한 가게다. 이곳에서 과학수사연구소의 막내 아미가 찾아가 초밥모둠인 니기리즈시노모리아와세握り寿司盛り合わせ (1700엔)를 주문했다. 창업 80년이 넘은 노포로 현재 50대의 민머리 주인아저씨 홀로 운영 중이다. 가게는 리모델링을 거쳐서 대단히 깔끔했다. 아저씨의 아내가 한국사람이라고 알려주셨는데 아저씨는 한국말을 전혀 못했다. 그래서인지 주변 손님들이 드라마를 보고 한국에서 손님이 찾아왔는데 한국말로 뭐라도 좀 말해보라며 아저씨를 놀려댔다. 아저씨는 저녁장사 때 단골손님들의 단체 예약으로 자리가 꼭 차 있었음에도 한국에서 '과수연의 여자'를 보고 왔다고 하니, 예약시간 전까지 먹고 간다면 빨리 준비하겠다고 하여 아저씨의 초밥을 맛볼 수 있었다. 카운터석에 앉아 코앞에서 아저씨의 초밥 만드는 모습을 보거나 아저씨 뒤로 있는 진열장에 스시 도시락 통이 쌓여 있는 것을 보는 것만으로 즐거운 시간이었다.

마루후쿠라고 적힌 컵의 차를 음미하고는 새우, 참치, 연어, 연어알초밥 등을 받을 수 있었는데 빨리 초밥을 먹어치우는 나의 모습을 보고 서비스로 문어 초밥을 하나 더 선사해주셨다. 이후에 들어온 예약손님들이 드라마를 보고 한국에서 왔다고 하니 주인아저씨보다 더 놀라워했다. 마루후쿠스시는 테이크아웃 가능한 점이 반갑다. 도보 1분 정도 거리에 '과수연의 여자'의 또 다른 촬영 맛집 밍밍이 있다는 점을 기억하자.

주소 京都府京都市右京区太秦多藪町43 전화 075-861-0807 영업일 11:30-14:00, 17:00-19:30 (목요일은 정기휴무) 교통편 케이후쿠전철京福電鉄 키타노선北野線 사츠에이쇼마에역撮影所前駅 도보 4분

내어주는 즉시 받아먹는 재미가 있는 초밥집.

키린엔

麒麟園

마리코와 칸바라가 매운맛 요리 컨테스트 심사원 살인사건의 알리바이를 청취하기 위해 이곳에 왔다가, 매운 라멘까지 먹게 된 중화요리집이다. 극중에서는 '사카이'라는 가게명으로 등장했다. 다행히 이 집 주인은 사건 당일 사망자와 언쟁이 있었지만 범인이 아니었고 마리코를 비롯, 과학수사연구소 사람들은 다시 이곳에 찾아와 라멘을 음미했다.

드라마 주인공들이 매운 라멘을 이곳으로 와서 먹는 설정에는 다 이유가 있다. KARA-1 그랑프리グランプリ라는 매운맛 요리 대회의 초대 챔피언 가게이기 때문이다. 키린엔에서 가장 유명한 탄탄멘坦々麺(900엔)의 매운맛은 단계별로 나뉘어 있어 좋다. 5단계가 가장 매운맛인데 처음 온 사람은 5단계 주문을 받지 않는다. 처음 온 사람은 3단계가 선택할 수 있는 최대 매운 단계다. 3단계부터는 게다가 적지 않은 추가 요금까지 발생한다. 결국 2단계가 가장 적절하다. 국물부터 새빨갛기 때문에 보기만 해도 땀이 나지만 한국인인 나에게는 딱 좋았다. 면이 고들고들했고 국물은 고소해서 대단히 흡족한 라멘이었다. 마파두부인 마보도후麻婆豆腐, 군만두, 볶음밥, 춘권인 하루마키春巻き, 새우칠리인 에비치리エビチリ는 이 집의 인기 메뉴다.

마을의 인기 중화요리집인 키린엔은 중화요리집답게 빨간 노렌과 빨간 문이 인상적이다. 내부는 굴곡이 들어간 카운터석과 테이블석이 섞여 있다. 기름을 많이 쓰는 중화요리집 특성상 깔끔한 곳이 드문데 매우 깔끔한 실내와 인테리어를 자랑한다.

주소 京都府向日市寺戸町東田中瀬5-54 전화 075-933-1370 영업일 11:00-13:00, 16:30-22:00 (화요일 정기휴일) 교통편 한큐전철阪急電鉄 교토혼선京都本線 히가시무코역東向日駅 출구 1개소 도보 4분

인생 최고의 탄탄멘! 여기 있습니다.

밍밍 교토우즈마사점

珉珉 京都太秦店

우락부락 근육질 남자들 10명이 한 명당 5인분의 엄청 큰 라멘을 먹었던 '톤신마루'로 등장한 가게다. 마리코는 사건해결을 위해 시간을 측정하며 자전거를 타고 찾아와, 남자들이 먹었던 라멘을 자신도 직접 먹어보며 사건의 실마리를 찾는다. 마리코가 앉은 자리는 카운터석 가장 우측 자리다.

새빨간 간판 아래 계단을 올라가면 새빨갛고 낡은 나무문이 손님을 반긴다. 노렌에는 '피구왕 통키'에서도 봤음직한 불꽃마크가 떡하니 그려져 있어 강렬한 인상을 준다. 점내에는 테이블석과 카운터석이 있다. 밍밍은 기본적으로 만두의 원조임을 자처하는 가게다. 메뉴는 매일 바뀌는 런치日替わりランチ(850엔), 볶음밥 세트チャーハンセット(750엔), 라멘 세트ラーメンセット(800엔), 덮밥 세트(900엔)를 비롯하여 70여 가지가 있어 선택장애가 온다. 튀김요리, 스테미너요리, 일품요리, 야채볶음요리, 간요리 등으로 크게 나뉘어 적힌 종이가 가게를 꽉 채웠다. 가게는 외관이나 내부나 오래된 느낌을 준다. 박물관에서나 볼 수 있을 법한 색 바랜 핑크색 전화기가 시선을 끈다.

이 가게는 우리나라의 인기 배우 이준기와 일본 배우 미야자키 아오이가 주연한 영화 '첫눈' 촬영지이기도 하다. 그러나 안타깝게도 영화에서는 편집되어서 촬영만 하고 나오지 못했다. 촬영을 마치고 배우와 스탭들 수십 명이 이곳에서 식사를 했다고 하는데 주인 할아버지인 아라이 씨는 음식 만들기 바빠서 이준기 씨가 정확히 뭘 먹었는지는 모른다고 한다.

밍밍의 물만두, 군만두, 탕수육은 스테디셀러다.

주소 京都府京都市右京区太秦多藪町19 ラ・ムーラン山口1F 전화 075-881-9250
영업일 11:30~21:00 (목요일 정기휴무) 교통편 케이후쿠전철京福電鉄 란덴嵐電 키타노선北野線, 아라시야마혼선嵐電嵐山本線 카타비라노츠지역帷子ノ辻駅 도보 3분

할아버지 주인장의 뜨끈한 라멘 한 그릇.

인 자 그린

IN THE GREEN

시즌21 12화

아카네가 와타나베라는 남자에게 고백 받는 모습을 과학수사연구소의 마리코, 사츠키, 미사가 바라보며 스파클링 와인과 빵을 테라스석에서 즐긴 이탈리안 레스토랑이다. 과수연의 여자들이 아카네를 보며 흐뭇해하던 이유는 사망자와 코트의 분실을 놓고 트러블이 있었던 아카네를 범인으로 오해한 적이 있어서였다. 진범이 잡히고 아카네의 연애도 잘 성사되었으니 건배를 한 것은 당연지사.

IN THE GREEN은 130명을 수용할 정도로 꽤 넓은 레스토랑이다. 일주일에 한번 바뀌는 파스타런치 パスタランチ (샐러드와 빵까지 포함)가 1350엔으로 이 집의 대표 메뉴다. 화덕에 구운 수제 피자도 이 집의 메인인데 런치타임 세트 메뉴인 마르게리타피자 · 샐러드가 1450엔, 카프리쵸자피자 · 샐러드가 1550엔일 정도로 저렴하다. 런치메뉴에 550엔만 더하면 주인공들이 음미한 스파클링 와인을 한 잔 받을 수 있다. 디저트로는 바닐라카라멜, 쇼콜라, 바스크치즈, 가토쇼콜라, 티라미스같은 숏케이크와 와플 등이 있다. 음료로는 커피류, 홍차류, 쥬스 등이 다양하게 구비되어 있다. 남직원이 열심히 피자재료를 얹고 화덕에 넣었다가 빼었다가 하는 모습을 카운터석에서 보는 것만으로도 식욕이 샘솟는다.

식물원이 바로 옆에 있어 무료로 식물원의 녹음을 느낄 수 있다. 이러하니 테라스가 최고의 명당이다. 실내라고 해도 선풍기가 달린 높은 천장이 있어 개방감을 느낄 수 있다. 테이크아웃이 가능한 점이 좋은데 가격이 저렴해지거나 단품 주문 가능해지는 점도 좋다. 입구 오른쪽 대기줄에 위치한 수저포크 모양의 대형 간판과 벤치가 포토존으로 인기다.

주소 京都府京都市左京区下鴨半木町府立植物園北門横 전화 050-5589-9083 영업일 런치 영업 11:00-15:00 디너 영업 17:00-21:00 카페 영업 11:00-21:00 (연중무휴) 교통편 교토시영지하철京都市営地下鉄 카라스마선烏丸線 키타야마역北山駅 3번 출구 도보 1분

식물원 옆
인기만점
카페, 레스토

식물원 옆 모던 카페에서의 디저트 한 입.

히토코에 타나카

ひとこえ 多奈加

시즌21 13화

산에서 발견된 의문의 사망자 난고, 그와 알고 지내던 접대부 카야노를 만나 난고에 대한 이야기를 도몬 형사가 취조하던 카페다. 바로 옆에 타카세가와高瀬川라는 작은 개천이 흐르는데 개방감 넘치는 접이식 창가 자리에 주인공 두 사람은 자리를 잡았다. 이 자리에는 접이식도어가 있어 계절이나 날씨에 따라 문을 개방해 멋진 풍경을 자아내는 카페다. 개울 건너 벚나무가 가게 쪽으로 휘어져 있는데 벚꽃 개화 시즌에는 분위기 만점일 듯하다. 카페에서 살랑거리는 바람의 개울을 바라보면 청량감이 넘치고 반대로 개울 건너 길에서 카페의 개방감 넘치는 모습을 보는 것도 이국적이다. 이따금 오리나 두루미가 개울가 자리 옆으로 날아와 사람을 구경하는 경우도 있다고 한다. 카페 옆으로 흐르는 타카세가와는 410년 전에 만든 운하인데 옛날에는 물자를 운반하는 배가 다니기도 했던 개울이란다. 교토 시내를 남북으로 흐르고 있다.

이 카페는 노부부의 접견이 상냥한 자그마한 카페. 테이블 서넛이 다일 정도. 재즈음악이 잔잔히 흐르는 이 카페의 명물은 식사류에는 오야코동이 있고 디저트류에는 와라비모치わらび餅나 녹차아이스크림 그리고 두유라떼 등이 있다. 커피와 케이크의 세트(1200엔)나 맛챠抹茶와 일본과자의 세트(1100엔)도 있다. 맥주나 와인의 술 종류도 있다. 백발의 주인할아버지 홀로 음식을 만들기에 음식이나 디저트 나오는 시간이 다소 길 수 있으니 마음의 여유를 갖자. 주말에만 영업하므로 주의해야 한다.

주소 京都府京都市下京区清水町454-24 전화 070-5664-2357 영업일 10:00-18:30 (토, 일요일만 영업) 교통편 케이한전철京阪電鉄 케이한혼선京阪本線 키요미즈고죠역清水五条駅 5번 출구 도보 7분

친절한 노부부의 마지막 불꽃!

(chieb225 제공)

킷사 챠노마

喫茶 茶の間

수사를 하다가 시간이 흘러 배가 고파진 주인공 키미지마 나오키와 교토부경의 수사과 시노미야 코기쿠는 늦은 점심으로 카레를 먹게 된다. 교토에서 가장 맛있는 게 겨우 카레냐는 후배 나오키는 정작 카레를 먹고는 맛있어서 생각이 바뀐다. 극중에서 카레가 알라딘 램프같은 주전자 비슷한 녀석에게 담겨 있었는데 실제로도 이 그릇에 카레가 담겨 나온다. 알아서 적당량 부어 먹는 방식이다.

이 찻집에서 가장 유명한 메뉴가 카레カレー다. 비후카레ビーフカレー와 바타콘카레バターコーンカレー 두 종류가 있는데 비후카레가 일반적으로 우리가 접해봤을 만한 녀석이다. 바타콘카레는 버터로 익힌 콘이 들어간 카레다. 카레는 4단계의 매운 정도가 있어 선택할 수 있다. 비후카레·샐러드·드링크를 모두해서 950엔이니 적당한 가격이다. 50엔으로 달걀을 토핑하거나 100엔으로 곱배기를 주문할 수 있는 점도 반갑다. 카레 소스가 부족하면 한 번은 무료로 리필을 해준다.

1966년 문을 열어 2대째 주인아주머니가 운영 중인 이 찻집은 바닥 타일이 화려하다. 이런 바닥 타일은 교토의 오래된 목욕탕에서나 볼 법한 스타일이다. 소파와 의자는 낡았고 색은 옥색 비슷한 레트로한 느낌이다. 현재, 어머니의 대를 이어 2대 주인이 운영 중에 있다. 초대 주인이 찻집으로 개업했을 때 아르바이트 하던 스리랑카인이 만들어준 카레에 힌트를 얻어 식사 메뉴로 내었다가 평판이 좋아 지금까지도 대표 메뉴라고 한다. 카레는 오전11시부터 재료 소진 시(오후 1시경)까지만 판매하니 주의하자.

주소 京都府京都市上京区下長者町室町西入ル南側 전화 075-441-7615 영업일 월-금 07:30~17:00 (토, 일, 국경일 정기휴무) 교통편 교토시영지하철京都市営地下鉄 카라스마선烏丸線 마루타마치역丸太町駅 2번 출구 도보 10분

신기한 조합의 카레, 재료 소진 주의보!

Kansai

『망각의 사치코』 속 그곳은…!

忘却のサチコ

중학관 출판사의 월간 '사라라'를 만드는 말단 여직원 사사키 사치코. 그녀는 결혼식 당일 신랑이 될 숀고라는 남자가 도망가는 바람에 트라우마가 생긴 여자다. 그 트라우마는 맛있는 음식을 먹을 때 유일하게 잊어버릴 수 있다.

한편 사치코는 라이트노벨 작가인 '지니어스 쿠로다'의 부탁을 받고 고베에 가게 된다. 게다가 소설가 미슈란 선생과의 데이트 약속까지 있다. 그녀는 일로 바쁜 와중이지만 고베의 맛있는 음식을 먹으며 도망간 신랑에 대한 트라우마를 지운다.

이나다쿠시카츠

稲田串カツ

지글지글 튀겨지는 꼬치구이들. 극의 시작부터 사치코는 바삭바삭한 꼬치구이튀김을 특제 소스에 듬뿍 묻혀 먹방에 집중하고 있었다. 사실은 미슈란선생인 듯하여 가게에 들어갔다가 꼬치튀김을 참지 못하고 먹게 된 것이다. 하지만 전화를 받고 미슈란선생을 만나기 위해 다시 황급히 계산 후 히가시야마상점가東山商店街를 달린다.

이후 사치코는 미슈란 선생과 이곳 히가시야마상점가에 다시 오게 되는데 하나바치쇼텐鼻知場商店에서 만드는 음료수인 히야시아메ひやしあめ, 오카얀おかやん이라는 가게에서 만드는 오징어 진미채인 사키이카裂き烏賊, 야큐카스테라 등을 미슈란 선생에게 추천한다. 미슈란 선생은 히야시아메에 특히 관심을 보였다.

이나다쿠시카츠는 저렴한 꼬치구이 튀김에 더불어 술로 매상을 올릴 수 있음에도 술은 전혀 취급하지 않는다. 다행히 손님들이 알아서 사 가지고 온 캔맥주 정도는 마실 수 있다. 꼬치구이 튀김 종류로는 메추리알うずら(120엔), 피망ピマン(120엔), 소세지ソーセージ(120엔), 소고기(120엔), 전갱이アジ(120엔), 오징어いか(120엔), 감자じゃがいも(120엔), 양파玉ねぎ(120엔) 등이 있다. 앉아서 먹을 자리는 없고 서서 먹고 마셔야 한다. 이마저도 5~6명이 서면 꽉 들어찬다. 하지만 연세 지긋한 할머니 두 분이 눈앞에서 빵가루를 묻히고 튀기는 모습을 보고 있자면 식감이 폭발한다. 하지만 손님들이 지나치게 많고 할머님 두 분의 손은 빠르지 않다. 꼬치구이집 어디나 그렇듯, 스테인리스 통에 든 공용 소스는 두 번 찍기 금물이다.

주소 兵庫県神戸市兵庫区東山町1-12-16 전화 078-531-0409 영업일 10:00~18:00 (수요일은 정기휴무) 교통편 코베전철神戸電鉄 아리마선有馬線 미나토가와역湊川駅 B1출구 도보 7분

할머니 두 분의 열정으론
감당불가 선언.

(yu.kari_k 제공)

오카양

おかやん

사치코는 미슈란 선생과 이곳 히가시야마상점가東山商店街에 다시 오게 되는데 오카양おかやん이라는 가게에서 만드는 오징어 진미 채인 사키이카裂き鳥賊를 미슈란 선생에게 추천한다.

사키이카 50그램 한 봉지에 540엔이다. 할머니 주인장은 둥글게 돌아가며 오징어 찢어주는 큰 기계 앞에서 오징어를 소분하고 있다. 할아버지 주인장은 미림이 곁들여진 북해도산 반건조 오징어 열 마리 정도를 커다란 열판에 깔고 열판 상판을 찍어 눌러 익힌다. 이렇게 찍어내 굽는 맛있는 광경을 한국에서는 본 적이 없어 가만히 보고 있게 된다. 오징어 굽는 냄새 때문에 가게 주변에는 고소한 냄새가 진동한다. 2023년에 오사카 아사히 라디오 방송에 한 만담가가 맛있는 오징어채 가게라고 소개하면서부터 갑자기 가게 오른편을 휘감는 행렬이 생기는 인기 가게가 됐다. 행렬이 가게 오른쪽을 덮었다면 1시간 줄 서기는 기본이다. 줄서는 사람에게 미안한지 아니면 영업의 한 방편인지 주인장이 오징어채나 구운정어리를 몇 개 기다리는 손님들에게 시식으로 이따금 주는 모양이다. 작은 오징어채와 큰 오징어채의 맛이 다르다는 설명과 함께 말이다.

오징어 외에 쥐포인 카와하기カワハギ, 말린 가오리 지느러미인 에이히레エイヒレ, 구운 정어리인 야키이와시焼きいわし, 다시마, 단밤인 아마구리甘栗(10월에서 5월 사이에만 판매) 등을 팔기도 한다. 공산품이 아닌 갓 구운 오징어채라니, 일본의 시원한 캔맥주가 당기는 이 상점가의 명물이 아닐 수 없다. 오징어채는 마감 전에 품절될 수 있으므로 마감 2시간 전에는 줄을 서도록 하자.

주소 兵庫県神戸市兵庫区東山町2-3-13 전화 078-531-3941 영업일 09:00~17:00 (월, 화요일 정기휴무) 교통편 코베전철神戸電鉄 아리마선有馬線 미나토가와역湊川駅湊川駅 B1 출구 도보 6분

라디오 방송으로 맛을 알린 가게의 인생 역전.

하나치바쇼텐

鼻知場商店

사치코는 미슈란 선생과 이곳 히가시야마상점가에 다시 오게 되는데 하나치바쇼텐鼻知場商店에서 만드는 음료수인 히야시아메ひゃしあめ를 미슈란 선생에게 추천한다. 미슈란 선생은 다른 간식들보다 히야시아메에 특히 관심을 보였다.

1960년 개업한 이곳의 주 메뉴는 갈색 빛이 도는 약간 매운 생강음료인 히야시아메(50엔)와 시원한 레몬음료인 노란빛의 히야시레몬冷やしレモン(50엔)이다. 주문하면 할아버지께서 자그마한 유리컵에 국자로 떠서 찰랑거릴 정도로 가득 담아준다. 약 200ml 정도는 되는 듯하다. 100퍼센트는 아니지만 약 20퍼센트는 슬러시 형태로 수면 위에 뜬다. 애초에 음료를 보관하는 투명 통에 얼음이 한가득 있으니 그럴 만도 하다. 그러니 엄청난 청량감을 제공한다. 사치코가 맛나게 음미했던 쿠시카츠를 먹고 이곳으로 와서 한잔 마신다면 최고의 궁합이 될 듯하다. 하나치바쇼텐과 이나다쿠시카츠 사이의 거리는 불과 10m에 지나지 않는다. 하나치바쇼텐의 음료는 그 자리에서 다 마셔야 한다. 테이크아웃은 없다. 다만 개인 병을 가지고 오면 적당량 준다고는 한다.

히야시아메는 수십 년 전 쇼와시대에 간사이 지방 인근에서 주로 마신 음료라고 하는데 마실 것 천지인 현재는 간사이 지방에 서조차 보기 힘든 음료라고 한다. 하나치바쇼텐은 말린 미역이나 마키스시, 주먹밥, 유부초밥, 김밥 등을 팔기도 한다. 하나치바쇼텐이 있는 히가시야마상점가는 관광객 없는 현지인들의 아케이드상점가라 비 오는 날에 천천히 시장 전체를 구경해보는 것도 좋을 듯하다.

주소 兵庫県神戸市兵庫区東山町1-11-8 전화 078-531-1823 영업일 월-금 08:00-18:00 토, 일, 국경일 08:00-18:00 (부정기적 휴무) 교통편 코베전철神戸電鉄 아리마선有馬線 미나토가와역湊川駅 B1출구 도보 7분

머리가 띵해지는 살얼음 레모네이드의 습격.

원조 부타망 로쇼키

元祖 豚饅頭 老祥記

미슈란 선생과 57분간의 자유시간을 갖기로 한 사치코는 차이나타운 난킨마치에서 출판사의 남자 동료인 코바야시와 만난다. '지니어스 쿠로다'와의 대리 데이트 약속을 지키기 위해서였다. 손을 잡고 중화거리를 걷던 두 사람은 '원조 돼지고기 만두 로쇼키'라는 입간판을 보고 100년 이상 사람들이 즐겨왔다는 생각에 따끈한 니쿠망肉まん을 테이크아웃해 음미한다.

가게가 문을 연 것은 1915년의 일이다. 포장지에 가게의 창업년도가 빨갛게 새겨져 있다. 요코하마, 나가사키와 더불어 일본 내 3대 차이나타운으로 유명한 곳이다. 과거에는 중국인 선원들이 손님의 주를 이뤘지만 현재는 완전한 관광지 고베 차이나타운 한가운데 자리하고 있어 국적불문 가게가 되어 사랑받고 있다. 현재 대를 이은 4대 주인이 가게를 이끌고 있다. 중화만두 가게답게 새빨간 간판에 새빨간 노렌이 인상적으로 개점시간 전부터 엄청난 행렬이 생긴다. 좁은 가게에 들어서면 주방에 10명 남짓한 직원들이 열심히 만두를 만들어내는 모습을 볼 수 있다. 점내에서 먹을 수 있지만 추천하지 않는다. 테이블 바로 옆으로 손님들이 줄을 서 있고 시끄러워서 먹는데 정신이 사납다. 테이크아웃하면 나무껍질 같은 녀석에 감싸 종이봉투에 담아준다. 다만 아쉬운 점은 6개 들이(600엔), 10개 들이(1000엔) 두 종류만 판다는 점이다. 다행히 왕만두가 아닌 한 입 크기라 6개를 혼자 먹어도 부담스럽진 않다. 테이크아웃 시, 소스를 준다면 좋을 텐데 아쉽다. 차이나타운 내에 가게가 있기 때문에 다른 중국 잡화점을 구경하는 것도 좋은 추억이 될 것이다.

주소 兵庫県神戸市中央区元町通2-1-14 전화 078-331-7714 영업일 10:00-18:30 (재료 소진 즉시 문 닫음. 월요일은 정기휴무) 교통편 고베시영지하철神戸市営地下鉄 카이간선海岸線 큐쿄류치-다이마루마에역旧居留地・大丸前駅 2번 출구 도보 3분

돼지고기 만두의
원조 노포.
(GOL9000 제공)

이스즈 베이커리

isuzu bakery

사치코와 코바야시의 두 번째 데이트 장소는 빵집 이스즈베이커리였다. 코바야시는 빵집이 인증 받은 명품 빵집이며 식빵은 사전 예약을 받을 정도로 인기라고 사치코에게 친절히 설명해준다. '규스지니코미카레빵牛すじ煮込みカレーパン(270엔), 스콧치엑그카레빵スコッチエッグカレーパン(250엔), 미르크후랑스ミルクフランス(194엔), 팥앙금과 버터가 조화로운 앙코토바타あんことバター(205엔), 럭비공 모양의 고베메론빵神戸メロンパン(259엔), 70센티미터 길이의 빵에 소시지가 들어간 토레론トレロン(670엔)에 푹 빠진다. 그리곤 바닷가 벤치에서 기다란 토레론을 코바야시의 입에 넣어준다. 토레론은 식빵과 더불어 이스즈베이커리의 대표 빵으로 머스타드가 들어가 있다. 토레론은 연간 10만 개가 팔린다고 한다. 참고로 이스즈 키타노자카점은 한신스크라산노미야점이 되면서 자리를 옮겼다. 사치코가 눈독 들인 규스지니코미카레빵은 '제9회 빵 그랑프리 고베시장상'을 수상한 빵이기도 하다. 그래서인지 사치코가 눈독 들인 빵들은 실제 가게에선 토레론을 제외하고는 이미 다 팔려서 진열대에서 사라지고 없는 녀석들이 많았다.

이스즈베이커리는 빵 격전지라 불리는 고베에서도 유명한 빵집이다. 1946년에 개업했다. 고베가 항구도시이기 때문에 외국의 문물을 받아들이는 시기가 빨라 빵이라는 음식의 도입도 빨랐다. 수제로 하는 이유는 기계로 반죽을 하면 반죽 내에 있는 공기가 사람이 할 때보다 잘 빠지지 않기 때문이라고 한다. 40대 중반의 3대 사장이 펜대만 굴리는 것이 아니라 새벽 5시부터 직접 공장에서 반죽을 빚는다.

주소 兵庫県神戸市中央区小野柄通8-1-8 전화 078-271-4180 영업일 08:30-21:00 (연말연시는 쉼) 교통편 한신전철阪神電鉄 한신혼선阪神本線 고베산노미야역神戸三宮駅 A12출구 도보 1분

긴 소세지빵 토레론은 맛의 요술 지팡이.

비후테키노카와무라 산노미야본점

ビフテキのカワムラ 三宮本店

바닷가에서 토레론 빵을 코바야시와 먹으려다가 알림 소리를 듣고 황급히 미슈란 선생에게 달려간 사치코. 둘이 먹게 될 메뉴는 사치코가 준비한 고베 소고기다. 미슈란 선생은 스테키런치를, 사치코는 함바그런치를 주문해 음미한다.

고기 등급이 매우 다양하고 그램 수 등에 따라서도 가격이 천차만별이기 때문에 미슈란 선생이 먹은 스테키런치ステーキランチ가 어떤 플랜인지는 알 수 없다. 사치코의 함바그런치는 단 하나이기 때문에 고베비후함바그런치神戸ビーフハンバーグランチ(3300엔)라는 것이 특정 가능하다.

점내에는 서양풍 조각상이 곳곳에 자리하고 있다. 이곳의 스테이크를 즐기려면 고베산 소고기다보니 주머니 사정을 고려하지 않을 수 없다. 그렇다면 5940엔의 예산이 필요한 런치를 잘 공략해야 한다. 스테이크를 주문하면 분홍빛이 도는 히말라야소금과 간장 그리고 된장 소스가 따로 작은 그릇에 세팅된다. 그리고 슬라이스된 마늘, 소고기, 당근, 양파, 숙주, 연근 등의 야채에 식빵까지 차례차례 굽기 시작한다. 소고기가 다 익으면 식빵 위에 올려준다. 식사는 빵과 라이스 중에 고를 수 있다. 눈 앞 철판에서 요리사가 직접 구워주는 소리와 시각적 효과까지 더해 군침을 돌게 만든다. 가장 저렴한 코스요리는 특선흑모와 규스테키로스 100그램 코스特選黒毛和牛ステーキロース100gコース다. 코스요리에는 수프, 샐러드, 빵 혹은 밥 중 택일, 아이스크림, 커피가 포함되어 있다.

주소 兵庫県神戸市中央区加納町4−5−13 ヌーバスピリットビル 1F 전화 050−5872−2391
영업일 11:30−14:30, 17:00−21:00 (월요일 정기휴무) 교통편 JR 토카이도혼선東海道本線 산노미야역三ノ宮駅 서출구西口 도보 2분

지글지글 철판요리의 향연.

(m__m__sta 제공)

오코노미야키 아오모리

お好み焼 青森

거리를 걷던 중 사치코는 도망친 신랑 슌고를 만나 인사를 하게 된다. 그리하여 갑자기 멍해진 사치코. 그녀는 슌고를 잊기 위해서였을까? 길을 걷던 중 오코노미야키집을 발견하고 가게로 들어서 소바메시そば飯(750엔)를 먹고 생맥주를 마시며 상처를 치유한다.

1957년 문을 연 이 노포는 소바메시의 발상지로 유명하다. 소바메시는 소바면과 밥을 볶다가 소힘줄과 양배추를 넣고 굴 소스를 뿌리고 소바면을 완전 잘게 부수어 볶아 먹는 독특한 음식이다. 이 음식은 초대 창업자가 운영하던 시절, 근처에서 일하던 신발 공장직원이 가져온 찬밥과 가게에서 주문한 야끼소바焼きそば를 시간 단축을 위해 함께 철판에 볶은 것이 시초라고 한다.

자리라고는 4인용 테이블석 두 개와 다섯 명 정도가 앉을 수 있는 카운터석이 전부로, 가게가 작다. 3대 점주인 아오모리 씨가 어머니와 함께 운영하고 있다. 아저씨 손님들의 상당수가 소바메시를 먹고 있었다. 검은 소스가 든 녀석이 손님들 사이에서 돌아다니는데 단맛과 매운맛이 있어 소바메시에 적당량 뿌려 간을 맞춰 먹으면 된다.

소힘줄은 질기다는 선입견이 있는데 이 집은 그런 것을 방지하기 위해 간 소힘줄을 쓴다. 면은 가까운 우에노제면소에서 받아쓴다. 테이크아웃이 가능한 점이 기쁘다. 도보로 이동할 수 있는 가까운 광장에는 거대한 실물 크기의 명물 '철인 28호'가 있다. '철인 28호' 로봇을 알고 있다면 당신은 최소 40대! 시간이 되고 근사한 사진을 남기고 싶다면 발길을 넓혀보자.

주소 兵庫県神戸市長田区久保町4-8-6 전화 078-611-1701 영업일 11:30-14:30, 17:00-21:00 (화요일 정기휴무) 교통편 고베시영지하철神戸市営地下鉄 카이간선海岸線 고마가바야시역駒ヶ林駅 1번 출구 도보 5분

소바에 볶음밥?!
의심하지 말지어다!

195

...

Kansai

『와카코와 술』 속
그곳은…!

ワカコ酒

26세의 사무직 여성 무라사키 와카코. 술을 좋아하는 그녀는 회사에서 있었던 다양한 스트레스를 술과 맛있는 안주 그리고 음식으로 해소한다. 집에서 알뜰하게 절약하며 먹는 것도 좋겠지만 근사한 혼술로 하루를 마감하는 것이 다른 무엇과 바꿀 수 없는 사치라고 생각하며 멋진 술집과 밥집을 한 집 한 집 음미해 나간다.

타치노미 타나카야

立ち呑み たなか屋　　　　　　　　　　　　　　　시즌7 3화.

효고현을 찾은 와카코는 안을 볼 수 없어 도리어 호기심을 자극하는 타나카야 술집으로 들어간다. 와카코는 문어튀김인 타코노덴푸라たこの天ぷら(800엔)와 지역맥주인 아카시비루IPA(640엔)를 주문해 행복하게 음미한 뒤, 오길 잘했다며 안도한다. 이것으로 부족했던 와카코는 도미, 삼치, 오징어, 광어가 들어간 회모둠인 사시미노모리아와세刺身盛合わせ(790엔)까지 받아든다. 술은 아카시 지역 술인 라이라쿠来楽를 즐겼다.

와카코의 말을 빌리자면 주류 도매상이지만 일본주와 와인을 맛있게 곁들이라고 간단한 반찬을 제공하는 선술집으로 창업했다가 지금에 와서는 다양한 안주가 기다리는 술집이 되었다고 한다. 세토나이카이 바다의 해산물과 그에 따른 파생상품을 파는 우오노타나상점가魚の棚商店街에 위치해 있는데 약 100개의 상점 중 유일한 술집이다. 타나카야 술집에 들어가려면 술 도매 가게 좌측으로 들어가야 하는데 주황색 노렌으로 들어가면 된다.

가게 이름에서 알 수 있듯이 서서 마시는 가게다. 가게 안도 밖도 매우 비좁다. 하지만 드라마에서 나왔듯 카운터 위에 늘어선 일품 반찬은 다양하다. 카운터에 서지 않으면 나무술통을 테이블 삼아 서서 마시고 먹으면 된다. 가게 벽에 온통 메뉴와 보드판이 붙어 있어 수많은 메뉴와 술에 선택장애가 생길 것 같다. 쥐치회, 닭날개튀김, 갈릭바게트, 치즈바게트, 포테이토샐러드, 고기두부, 문어조림, 장어구이, 자가제 오일사딘(정어리) 등 다양하고 작은 안주들이 있다. 아카시의 가장 유명한 해산물은 문어다. 워낙 인기가 많은 술집이라 미리 예약을 하던지 점두의 대기자 명부에 빨리 이름과 연락처를 적어놔야 한다.

주소 兵庫県明石市本町1-1-13 전화 078-912-2218 영업일 월~금 12:00-13:30, 17:00~20:30 토, 일, 국경일 12 : 00-17:30 (수요일, 목요일은 정기휴무) 교통편 JR 산요혼선山陽本線 아카시역明石駅 남출구南口 도보 3분

198

아카시해협의
은혜에 건배!

(taisyu_ryo_ten 제공)

나다기쿠 캇파테이

灘菊 かっぽ亭

전날 타나카야에서 맛있는 아카시의 해산물과 지역 술을 음미한 와카코는 다음 날 회사 동료 이토 씨가 추천한 히메지姬路 지역을 찾았다. 히메지성을 구경한 와카코는 히메지오뎅을 먹으러 나다기쿠 캇파테이에 온다. 그리곤 곤약コンニャク, 오뎅おでん, 계란卵, 힘줄고기すじ, 치쿠와ちくわ, 두부를 두껍게 썰어 튀긴 아츠아게厚揚げ까지 꼬치에 끼워져 큼지막한 쿠로오뎅大串黒おでん(610엔)을 주문해 음미하고, 만화에 나올 것 같은 오뎅이라며 놀란다. 물론 이 안주에 걸맞은 준마이긴죠 미사純米吟釀 misa(한 잔 585엔)라는 술을 곁들여서 말이다.

이 가게는 양조장에서 만들고 운영하는 직영점이다. 카운터석이 있어 다행이다. 테이블석 의자 일부는 북으로 만든 것이 특이하다. 북 모양이 아니라 진짜 북이라 치면 소리가 난다. 여사장님이 히메지의 축제와 북이 좋아 의자로 삼았다고 한다.

검은 오뎅이란 뜻의 쿠로오뎅에는 생강간장소스이고 하얀 오뎅은 술지게미로 만들어 걸쭉한 소스다. 꼬치가 휠 정도로 볼륨이 꽤 있다. 술을 마시지 않는 사람은 오오쿠시오뎅정식大串おでん定食을 주문해도 좋을 듯하다. 오뎅정식에는 왕오뎅꼬치, 밥, 미소시루 국, 회가 나오기 때문이다.

나다기쿠 양조장은 1910년에 창업했고 이 가게는 1959년 시작됐다. 2010년대 히메지역 주변 재개발로 히메지역 지하상가에 있다가 2011년 현재의 아케이드상점가 자리로 이전하게 됐다. 이 내용은 술 진열장 상부에 적혀 있다.

주소 兵庫県姬路市東駅前町58 전화 079-221-3573 영업일 평일 : 11:30-13:30, 16:30-21:00 토요일 : 11:30-21:00 일요일, 국경일 : 11:30-20:00 (수요일은 정기휴무) 교통편 JR 산요혼선山陽本線 히메지역姬路駅 북출구北口 도보 4분

커다란 오뎅꼬치의 소확행.

프로사카바

プロ酒場

양조장 견학을 마친 와카코는 양조장 여사장이 추천한 술집을
찾아간다. 그곳이 바로 '프로'라는 이름의 술집이었다. 와카코는
회사 직원인 이토 씨가 추천한 닭고기안주 히네폰ひねポン(460엔)을
시작으로 두부전골인 유도후湯豆腐(500엔), 희석한 쌀소주인 고메죠
츄노미즈와리米焼酎の水割를 주문해 즐긴다.

이집의 가장 대표적인 간판 메뉴 유도후는 대가 500엔, 소가
300엔이다. 와카코는 대를 주문한 것으로 보인다. 대를 주문해
야 오래 따뜻하게 먹으라고 냄비와 밑에 불이 함께 나오기 때문
이다. 히네폰은 쫀득하고 새콤한 식감이 일품이었고 유도후는
크키가 크고 국물이 좋았다.

프로사카바는 상점가를 살짝 빠져나온 골목길에 위치한 창업 77
년의 가게로, 프롤레타리아 노동자를 위한 술집이라는 뜻에서
창업자가 프로라는 이름을 지었다고 한다. 현재는 3대째 주인이
운영 중이다. 검은 노렌에 빨간 카타카나 글씨로 점포명을 넣고
대놓고 맛집이라는 문구까지 쓴 것이 인상적이다. 내부는 일본
의 유명한 미식 작가 '오오타 카즈히코'가 방문해서인지 그의 사
인과 그림이 붙어 있고 아사히 맥주의 올드한 술 포스터도 있어
레트로한 분위기를 자아낸다. 카운터석이 있기 때문에 1인 여행
자에게는 반갑다. 술집이지만 점심시간에는 생선 혹은 고기 둘
중 하나를 메인으로 한 런치가 준비되어 있으니 점심시간에 들
러 보는 것도 좋을 듯하다. 반반 런치도 있으니 고기와 생선을
모두 섭렵할 수도 있다. 런치의 가격은 700엔. 서민 대상의 가게
라 술과 안주 모두 상대적으로 저렴하다. '와카코와 술' 드라마
를 보고 왔다고 하니 '와카코와 술' 드라마 비매품 엽서를 선물
로 주셨다.

주소 兵庫県姫路市駅前町301 전화 079-285-2945 영업일 11:30-14:30, 17:00-21:30
(일요일, 국경일은 정기휴무) 교통편 JR 산요혼선山陽本線 히메지역姫路駅 북출구北口 도보 4분

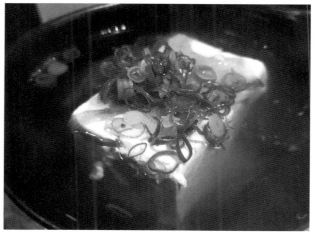

탕두부! 국물이 끝내줘요!

Kansai

『선생님의 주문배달』 속
그곳은…!

先生のお取り寄せ

많은 팬을 거느린 잘생긴 아저씨 소설가 에노무라 선생. 그는 출판사로부터 만화가와의 협업을 제의받고는 만화가가 미녀일 거라며 기대감에 부푼다. 하지만 정작 사인회에서 자신의 앞에 나타난 만화가는 미녀가 아닌 수염이 덥수룩하게 히피같은 아저씨였다. 전혀 상극인 이들에게도 공통점은 있었으니 바로 주문배달 음식과 간식을 즐긴다는 것. 전국의 맛있는 녀석들을 인터넷 주문배달해 먹는 것이 최고의 행복이라 느끼는 공통점을 가진 소설가 에노무라 선생과 만화가 나카타 선생. 두 사람에 더불어 섹시한 편집장 쿠도까지. 그들의 음식 사랑을 그린 본격 주문배달 먹방 드라마다.

에이라쿠야 본점

永楽屋 本店

소설가 에노무라가 새로 이사하면서 이웃들에게 인사차 나눠주거나 회의에서 먹으려고 산 코하쿠유즈琥珀柚子를 파는 곳이다. 만화가 나카타에게도 하나 주려는데 만화가가 받지 않자 에노무라가 에이라쿠야의 코하쿠에 대해 일장연설을 한다.

코하쿠유즈는 새끼손가락만한 한 입 크기로 한천 안에 유자가 기다랗게 들어가 있는 디저트다. 먹는 호박이 아니라, 송진이 굳어져 만들어진다는 보석의 한 종류인 호박과 비슷한 느낌을 준다고 해서 코하쿠(호박)라 부른다. 코하쿠는 삶아서 흐물한 한천에 유자를 넣고 굳힌 것이다. 일본 전통 화과자로 에도 시대에 탄생했다고 여겨진다.

상큼함과 단맛이 일품인 코하쿠유즈(12개 들이 1100엔)의 재료인 유자는 토쿠시마현 키토라는 곳에서 키운 녀석을 사용한다. 가을 한정으로는 사과가 들어간 코하쿠를, 겨울 한정으로는 쇼콜라 코하쿠를 선보이고 있다.

가게는 1946년 개업했다. 1층은 판매 매장이고 개방감 넘치는 2층은 카페 공간이다. 깔끔한 2층에서는 맛챠파훼抹茶パフェ(1350엔)나 호지차파훼ほうじ茶パフェ, 떡팥죽이라 할 수 있는 시라타마젠자이白玉ぜんざい(1200엔), 유즈샤벳토ゆずシャーベット(700엔), 바닐라녹차아이스크림(850엔),와라비모치わらび餅세트(1800엔), 도라야키どら焼き 디저트 등을 즐길 수 있다.

주소 京都府京都市中京区河原町通四条上る東側 전화 050-5590-6084 영업일 판매시간 10:00~19:00, 카페이용시간 11:00~18:30 수요일은 정기휴무 교통편 한큐전철阪急電鉄 교토혼선京都本線 교토카와라마치역京都河原町駅 3B 도보 1분

보석같은 디저트의 우아한 자태!

(norikoyama.rr 제공)

하야시만쇼도 시죠본점

林万昌堂 四条本店

만화가 나카타가 소설가 에노무라에게 준 디저트가 하야시만쇼도의 아마구리다. 나카타는 어젯밤 준 밤을 왜 아직도 안 먹었냐고 에노무라에게 따지며 하야시만쇼도에 대해 일장연설한다. 에노무라는 어제 밤 나카타와의 미팅 때 아웅다웅해서 나카타에게 받은 군밤 아마구리甘栗를 그냥 테이블 위에 방치한 터였다.

1874년 현재 본점 자리에 채소 가게로 개업한 하야시만쇼도는 다이쇼시대大正時代의 어느 시점에 극장에서 나오는 손님들에게 단밤을 팔던 가게로, 볶은 단밤 하나로 일본을 평정한 인기 가게다. 처음 판매하던 때부터 솥에서 볶는 것을 고집하고 있다. 고소한 밤의 냄새가 담긴 봉투에 따스함과 더불어 반갑기 그지없다.

밤을 솥에 볶을 때는 밤만 넣어서 볶는 것이 아니라 모래보다는 입자가 조금 더 굵은 강모래를 미리 굽다가 밤을 넣어 볶는다. 왜냐하면 강모래가 열전도율이 높기 때문이다. 한 가지 첨가물이 있다면 시럽. 하야시만쇼도에서 사용하는 밤은 중국 허베이성 친황다오시 칭룽 만족 자치현에서 수입한다. 연교차에 더불어 일교차도 심해 밤이 단단하고 단맛을 내는 것이 특징이라 중국에서 가장 좋은 품질을 자랑한다. 조생, 중생 그리고 만생 밤 중에 볶은 밤으로 만들기 가장 좋은 중생을 사용한다고 한다. 게다가 속껍질이 아주 잘 까져서 먹기 편하다. 200g(평범한 크기 880엔, 엄선한 큰 크기 940엔)에서 1500g까지 다양하게 소분해 판매하고 있다. 예쁘게 포장되어 노끈으로 묶어놨는데 열어보면 살색 봉투 뒷면에 단밤 껍질을 벗기는 법까지 그림과 함께 설명해 놨다. 손톱으로 밤을 쿡 찌르고 손가락 두 개로 옆을 눌러주면 쉽게 까진다. 엄선한 왕밤厳選大甘栗은 무게는 같아도 가격이 조금 더 비싸다.

주소 京都府京都市下京区四条通寺町東入ル御旅宮本町3 전화 075-221-0258 영업일 10:00~20:00 (수요일은 정기휴무) 교통편 한큐전철阪急電鉄 교토혼선京都本線 교토카와라마치역京都河原町駅 9번, 10번 출구 도보 2분

단밤 까는 법!
달콤한 유레카.

쿠라부·하리에

섹시한 쿠도 편집장이지만 그녀로부터 주문배달 중지를 명령받은 에노무라 선생. 주문배달을 받지 못해 스트레스로 이성을 잃어 갈 때 쯤, 마침 주문배달 간식을 택배로 받은 나카타 선생이 에노무라 선생과의 협업과 화해를 위해 가지고 간 간식이 쿠라부·하리에의 바무쿠헨バームクーヘン이다. 두 사람은 맛있는 빵을 먹으며 행복해하고 마음을 연다. 주인공의 말에 따르면 보통의 사람들은 직각으로 위에서 아래로 잘라먹는데 독일에서는 수평에 가깝게 썰어 먹어 식감을 살린다고 하니 주인공의 먹는 법을 따라해보자.

부드럽고 달콤한 바움쿠헨인 바무쿠헨은 독일어로 '나무 과자'라는 뜻이란다. 그러고 보니 나무를 자른 모양을 하고 있지 않은가. 길고 둥근 통에 빵 반죽을 익혀가며 겹겹이 굽기 때문에 시간도 일손도 많이 드는 만들기 번거로운 간식이다.

바무쿠헨은 사이즈가 다양하고 가격 또한 천차만별이다. 높이 13.6cm에 이르는 빅사이즈까지 존재한다. 유통기한은 7일로 전자렌지로 살짝 돌리면 갓 구운 식감을 맛볼 수 있다고 한다.

쿠라부·하리에는 일본 각지 40개 점포를 가지고 있다. 1973년 10월, 바움쿠헨을 만들 수 있는 소성기를 들이면서 처음으로 바무쿠헨을 만들기 시작했는데 현재 사용하고 있는 브랜드인 쿠라부·하리에라는 이름은 1995년 탄생했다. 쿠라부·하리에는 타네야たねや라는 유명한 화과점의 브랜드다.

주소 우메다한큐점うめだ阪急店 大阪府大阪市北区角田町8-7 阪急うめだ本店 B1F 전화 06-6361-1381 영업일 10:00~20:00 교통편 오사카시영지하철大阪市営地下鉄 미도스지선御堂筋線 우메다역梅田駅 도보 1분

주소 우메다한신점梅田阪神店 大阪府大阪市北区梅田1-13-13 B1F 전화 06-6345-0532 영업일 10:00~20:00 교통편 오사카시영지하철大阪市営地下鉄 미도스지선御堂筋線 우메다역梅田駅 도보 1분

바무쿠헨! 오사카의 중심에서 독일의 향기를.

호라이 본관

蓬莱 本館

5화

편집장 교코가 집으로 찾아온다는 이야기를 듣고 두 사람이 주
문한 것은 호라이본관 3인 세트蓬莱本館3人セット(3980엔)라는 것이었
다. 이 세트에는 돼지만두인 부타망豚まん 6개, 큰 슈마이인 쟌보슈
마이ジャンボ焼売 6개, 군만두餃子 15개, 새우가 들어간 에비슈마이蝦焼
売 12개, 고기경단인 니쿠단고肉団子 12개가 들어있다.

1945년, 대만인이 호라이식당을 개업했다. 이 가게가 호라이본
관과 '551호라이'로 나누어졌는데 현재는 뿌리만 같을 뿐 엄연
히 다른 가게다. 맛도 레시피도 재료도 전혀 달라졌다. 이름이
비슷해서 자매점인 줄 알고 잘못 주문해서 엉뚱한 걸 먹었다는
사람도 많다.

호라이본관의 시초가 되는 호라이식당이 오사카 난바에 개업한
것은 종전 직후인 1945년 10월의 일이다. 초대 사장이 대만인
친구 두 명과 함께 문을 연 가게다. 호라이식당이 창업 이듬해
에, 고베에서 인기가 많던 돼지만두를 힌트로 오사카인의 입맛
에 맞게 크고 육즙이 많게 개발해 판매한 것이 호라이식당 돼지
만두의 시작이다. 이후 '호라이본관', '551호라이', '호라이별관'
으로 각각 독립해 나갔다. 호라이본관은 돼지만두의 맛을 더 많
은 사람에게 전달하고 싶다는 생각에서 2대인 동진명 사장이 냉
장, 냉동 돼지만두를 만들어 택배 판매까지 사업을 확장했다. 현
재는 하루 10만 개를 만드는 중화만두 시장점유율 1위를 지키
고 있다. 1970년 아버지가 갑자기 돌아가시면서 당시 19살이었
던 동진명 사장이 물려받아 운영 중이라고 한다.

주소 大阪府大阪市中央区難波3-6-1 전화 050-5592-1162 영업일 레스토랑 영업
11:30-15:00, 17:30-20:30, 매점 영업 11:30-20:30 (수요일은 정기휴무) 교통편 오사카
시영지하철大阪市営地下鉄 미도스지선御堂筋線 난바역なんば駅 11번 출구 도보 3분

니쿠단고를 먹지 못한 슬픔도 잠시, 슈마이성애자가 되다.

...

Kansai

특집!
영화·애니 속 그곳은…!

『타마코마켓』たまこまーけっと

일본 교토 '우사기야마 상점가'에 위치한 떡집의 딸인 여고생 키타시라카와 타마코. 떡과 자기가 자란 상점가를 무척 좋아하는 이 소녀는 상점가 사람들의 사랑을 받으며 행복한 나날을 보내고 있었다. 그러던 어느 날, 말을 할 줄 알지만 언행이 고압적인 작고 뚱뚱한 새와 만나고, 그 새는 타마코네 집에 얹혀살게 된다. 한편 타마코는 모치조라는 라이벌 떡집 가게의 남학생이 자신을 좋아한다는 것을 알지 못한다. 평화롭던 타마코의 일상에 슬슬 재미난 일들이 벌어지는데….

데마치후타바

出町ふたば

주인공 타마코의 집이자 가게인 타마야의 실제 모델로, 주인공들이 먹던 떡을 팔고 있다. 애니에서는 마메다마후쿠豆大福라고 불렸던 쫀득한 콩떡 나다이마메모치名代豆餅를 220엔에 팔고 있다. 하루 2000개가 팔린다는 이집의 콩떡 마메모치는 홋카이도의 비에이美瑛나 후라노富良野의 계약농가로부터 받은 콩을 쓴다고 한다. 팥도 들어있어 달달하다. 극중에서 타마코는 데라에게 콩떡을 과도하게 많이 주어서 데라가 살이 많이 찌게 되기도 한다. 보존료를 사용하지 않기 때문에 오늘 중으로 먹으라는 문구가 포장지에 적혀 있다. 하나를 사도 투명 플라스틱용기에 담은 다음 종이 포장지로 재차 포장해준다. 극중에 등장하는, 핑크색 떡을 산벚꽃나무 이파리에 감싼 사쿠라모찌桜餅(봄한정 메뉴, 230엔)도 판매하고 있다. 사쿠라모찌는 찹쌀 알갱이가 다 보일 정도로 치대지 않는 느낌이다. 가을에는 밤이 들어간 밤떡도 계절 한정으로 판매한다.

메이지시대明治時代인 1899년 창업한 가게다. 평일에도 엄청난 인기점으로 개점 시간 전부터 행렬이 생기는 건 기본이다. 직원이 통행에 방해가 되지 않게 하기 위해 따로 나와서 줄을 정리하는 모습도 볼 수 있을 정도다. 어떤 떡들이 있는지 보려고 해도 대기 줄에 가려 보이지 않는다. 한국어도 영어도 보이지 않는 점이 아쉽다. 여행을 일찍 시작하는 아침형 여행자라면 개점 20분 전에 줄을 서는 것도 방법일 것이다.

한편 이곳은 드라마 '카모 교토에 가다'에서 주인공 카모가 도쿄에서 온 남자에게 접대하던 카시와모찌柏餅(230엔) 떡을 판매하는 가게이기도 하다.

주소 京都府京都市上京区出町通今出川上ル青龍町236 전화 075-231-1658 영업일 08:30~17:30(화요일, 4번째 수요일 정기휴무) 교통편 케이한전철京阪電鉄 오토선鴨東線 데마치야나기역出町柳 5번 출구 도보 4분

콩떡의 존재감! 떡집에 불나다.

Kansai

『교토 테라마치산죠의 홈즈』

京都寺町三条のホームズ

돈이 필요한 미녀 여고생 마시로 아오이는 할아버지의 유품을 팔러 교토의 작은 골동품점에 방문했다가 되려 아르바이트를 하게 된다. 그녀는 골동품점 주인이자 고미술품 감정인인 야가시라 세이지 그리고 그의 손자 야가시라 키요타카 통칭 홈즈라 불리는 자와 고미술품에 대해 공부하고 이에 얽힌 소소한 사건들의 의뢰를 해결해나간다.

라이토쇼카이

골동품점의 손자이자 점원인 키요타카와 아르바이트 여고생 아오이가 일하는 골동품점 '쿠라'로 나오는 카페 겸 기묘한 갤러리다. 홈즈는 아오이에게 카훼오레カフェ・オ・レ(600엔)를 만들어주었고 아오이가 맛있게 마시기도 했다. 엄청난 비중을 가지고 매화 등장하는 곳이기에 모두 설명하기에 지면이 부족할 정도의 배경지이다. 아오이가 마시던 카훼오레 메뉴가 실제로 있으므로 우리들의 메뉴는 카훼오레 되겠다. 카훼오레의 맛은 지극히 평범하지만 이곳은 맛을 위해 오는 것이 아니라 카페의 그로테스크한 분위기를 느끼러 오는 것이 목적이라 하겠다.

실제로 골동품 앤티크가 많은 카페로 1층은 카페 겸 골동품점이고 2층은 갤러리로 쓴다. 카페의 주인은 메이지시대明治時代 이후의 그림, 시계, 악기, 유리제품, 인형, 가구, 식기, 조명, 영사기까지 모으고 있는데 입구에 들어서자 이세계에 온 듯 분위기에 압도당한다. 가격표만 붙어 있지 않을 뿐이지 소품이 아니라 모두 판매하는 상품들이다. 메뉴판과 물잔에 고양이들이 잔뜩 그려져 있는데 주인장이 기르던 가게의 3대 얼굴마담 고양이의 일러스트다. 가게 밖 금속으로 된 간판에는 사람 얼굴이나 손이 붙어 있고 점내도 어두운 편이라 가뜩이나 골동품 찻집의 무섭고 그로테스크한 이미지를 더욱 고착시키고 있었다. 그래서인지 고스로리 코스튬플레이어들의 방문이 잦다고 한다. 이 집의 가장 대표 음료는 커피와 크리무소다クリームソーダ이고 대표 간식은 피자토스트와 쇼트케이크다. 식사류는 오무라이스オムライス정도가 다이다. 주인이 고양이를 좋아해서 복을 부르는 마네키네코招き猫 모양의 모나카도 있다. 카페를 활용해 작은 전시회 등도 열린다.

주소 京都市中京区桜之町406-30 전화 075-211-6635 영업일 찻집영업 12:00~20:00 (월요일 정기휴무) 교통편 교토시영지하철京都市営地下鉄 토자이선東西線 교토시아쿠쇼마에역京都市役所前駅 3번 출구 도보 5분

영화 '파묘'보다
100배 더 기묘한 카페.

카훼 렉쿠코토

여성 의뢰인에게 보내진 괴문서에 대한 단서를 찾으러 키요타카와 아오이는 호텔의 꽃 전시회에 간다. 그러고 나서 방문한 곳이 이 카페다. 교토호텔오쿠라京都ホテルオークラ에 위치한 카페다. 두 사람은 커피를 마시며 전시회에서 만난 질투의 화신들에 대해 이야기한다. 과연 괴문서는 누가 보낸 것일까?

주인공들은 후렌치토스토フレンチトースト를 먹으러 가자고 갔는데 정작 후렌치토스토를 먹는 장면은 나오지 않은 점은 아쉽다. 후렌치토스토 가격에 귀여운 과일 디저트가 포함되어 있어 다행이었다. 사각 버터가 나오는데 뜨끈하고 튼실한 토스트 위에 올려놓으니 스르륵 녹기 시작했다. 시럽을 끼얹어서 그런 것일 수도 있지만 토스트는 바삭한 것이 아니라 통실하게 흐물거렸다. 계란반숙을 먹는 식감을 줬다.

카페레스토랑 입구 좌측에는 각종 숏케이크를 제대로 다량 준비하고 있었다. 초콜릿과 헤이즐럿무스의 쟌도야(756엔), 라즈베리와 스트로베리무스의 루쥬(756엔), 초콜릿버터크림과 커피시럽이 들어간 오페라(756엔), 크림치즈무스와 라즈베리소스가 들어간 뉴아쥬(756엔), 초콜릿무스와 바나나가 들어간 쇼코라누(756엔), 호지차티라미스(756엔), 맛챠슈크림(432엔), 애플파이(810엔), 타르트후로만쥬(756엔) 등이 쇼케이스를 가득 채우고 있어 눈길을 사로잡는다. 할로윈 시즌에는 귀여운 미라 케이크나 검은 고양이 케이크, 외눈마술사 케이크 등 재미나고 귀여워 도저히 먹을 수 없는 특별 미니 케이크를 선보인다.

주소 京都府京都市中京区河原町二条南入ルー之船入町53 京都ホテルオークラ1F 전화 075-254-2517 영업일 10:00-19:00 (연중무휴) 교통편 교토시영지하철京都市営地下鉄 토자이선東西線 교토시야쿠쇼마에역京都市役所前駅 3번 출구 도보 1분

통통한 후렌치토스토와 버터의 환상 칸타빌레.

카와도코 키부네소

川床 貴船荘

홈즈의 권유로 하이킹에 나선 아오이는 쿠라마산에 처음 방문한 것이라 기대가 크다. 더욱이 홈즈의 아버지가 카와도코라는 곳에 예약을 해두었으니 점심을 먹으라고 한 터였다. 아오이와 홈즈는 개천 위에 상을 마련해 시원함이 돋보이는 자리에서 음식을 즐긴다. 아오이는 상차림을 사진 찍어 간직하기도 했다. 참고로 이렇게 시원한 개천 위에 만들어 놓은 상에서 물소리를 들으며 밥을 먹을 수 있는 것은 5월에서 9월 사이에만 가능하다. 우천 시에는 개천 위가 아닌 실내로 안내될 수도 있다. 한 여름에도 이 냇가 위 마루의 온도는 23도로 시원하다. 냇가 위에 어떻게 개인이 커다란 구조물을 만들어 놓고 영업을 할 수 있는 것인지 찾아보니 하천 안전법이 제정되기 전부터 이렇게 영업했던 곳들은 특수하게 용인하고 있다고 한다. 단, 태풍이나 호우가 예보됐을 땐 철거 작업을 하느라 직원들이 밤새 고생이란다.

저녁에는 미니 2단 폭포에 라이트업을 하는 등 경치가 좋고 시원하지만 음식의 가격은 다소 고가다. 장어샤브鰻しゃぶ会席가 1인 17050엔, 흐르는 여울물이라는 뜻의 세세라기せせらぎ会席가 11000엔, 돌판에 고기를 구워 먹는 석화구이가 11000엔, 낮의 미니 카이세키가 8250엔, 소중한 상자라는 의미의 타마데바코가 5500엔이다. 전골요리(닭고기 스키야키, 소고기 스키야키, 샤부샤부 중에 선택 가능)는 8250엔부터 시작한다. 예약은 필수다. 카이세키요리를 즐기는 손님에 한해 키부네소 오리지널 부채를 선물하고 있다. 손님이 원할 경우 키부네구치역에서 키부네소까지 송영차량을 운영해줘서 편하니 전화해서 키부네소의 차량으로 이동하자.

주소 京都府京都市左京区鞍馬貴船町50 전화 075-741-2222 영업일 11:00-21:00
교통편 에이잔전철叡山電鉄 쿠라마선鞍馬線 키부네구치역貴船口駅 출구 1개소, 도보 30분

냇가에서의 시원한 한 상 차림. 여름아 부탁해!

앤제루 라이부라리

ANGEL LIBRARY

언젠가 "홈즈 씨가 추천해준 카페에 데려가 주세요."라는 말을 기억해낸 홈즈가 아오이를 데려간 카페다.

지하 카페에 가려면 1층 카카오마켓이라는 곳에서 1인 1세트 메뉴를 주문 결제 후, 점원의 비밀번호가 적힌 종이를 받아 비밀번호를 누르고 들어가야 한다. 확실히 지하의 아지트에 가는 듯한 기분을 들게 만든다. 지하에 들어가는 입구 왼편으로는 커다란 날개 벽화가 그려져 있는데 극에서도 등장한다. 이곳에서 인스타 감성의 사진을 찍어도 좋을 만큼 멋지다. 키요타카와 아오이는 암호를 누르고 들어가 블랙커피와 디저트를 즐긴다. 아오이는 인생 첫 블랙커피라 두근두근 기대한다. 간사이에서는 커피 밀크를 후렛슈라고 하는데 아오이처럼 커피가 쓰다고 생각되면, 홈즈처럼 점원에게 커피밀크를 달라고 하면 된다.

초콜릿 관련 디저트와 과자, 아이스크림을 주로 판매하는 카카오마켓의 건물 외부는 유럽의 어느 건물에 와 있는 듯한 착각이 들게 한다. 지하 카페를 굳이 이용하지 않아도 된다면 카카오마켓에서 적당한 간식을 사서 주변을 둘러보는 것으로도 만족할 수 있을 것이다. 지하 카페의 실내조명은 어둡다. 초콜릿에 진심인 카페로 홈페이지의 설명에 따르면 카카오콩을 온두라스에서 수입해 많은 초콜릿 디저트를 만들고 있다. 온두라스에서 수입한 카카오는 프랑스의 초콜릿 박람회에서 가장 맛있다고 평가되어 '살롱 뒤 쇼콜라'상을 수상하기도 했다고 한다.

주소 京都府京都市東山区常盤町165-2 B1F 전화 075-533-7311 영업일 11:00-19:30 (화요일 정기휴무) 교통편 케이한전철京阪電鉄 케이한혼선京阪本線 기온시죠역祇園四条駅 8번 출구 도보 3분

상점에선 달콤함을, 날개 그림 앞에서는 인생샷을!

요시다산장 카훼 신코칸

요시다山莊 カフェ真古館

발렌타인데이에 한 작가의 낭독회 초대로 요시다 산장에 오게 된 아오이와 홈즈는 쇼와 초기에 분위기를 그대로 살린 카페의 분위기에 압도당한다. 작가의 상담이 있어 별로 내키지 않았지만 만나는 곳이 카페라는 말에 냉큼 온 홈즈였다. 카페 디저트 배가 따로 있다는 홈즈는 그만큼 카페 마니아였다. 두 사람은 블랙커피를 음미하는데 홈즈는 아오이가 블랙커피를 마시는 걸 보고 어른이 됐다고 한다.

요시다 산장 내 부지에 위치한 카페는 2층으로 구성되어 있는데 주인공들이 모였던 2층이 명당이다. 책장에는 '교토 테라마치산죠의 홈즈' 만화책 4권이 꽂혀 있다. 4권의 표지가 요시다 산장 신코칸 2층이기 때문이다. 요시다 산장 자체가 유형문화재로 등록되어 있을 정도로 가치가 있는 곳이다. 카페 자리에는 애니메이션에 카페가 등장했다는 사실을 코팅해 올려두었다. 점내에는 클래식 음악이 잔잔하게 흐른다. 벽에는 이렇다 할 사진 등의 소품을 붙여 놓지 않아 깔끔하다. 테이블마다 창이 시원하게 나 있어 좋다. 그야말로 산장에 온 듯한 느낌을 주기에 부족함이 없다. 다만 카페에 머무르는 시간을 50분으로 제한하고 있다.

음료는 커피 이외엔 녹차인 맛차抹茶가 전부이고 디저트로는 양갱, 박쥐모양의 쿠키, 초코 쇼트케이크, 젠자이ぜんざい, 콩고물을 묻힌 떡 등이 있다. 서빙을 받으면 일본의 옛날 시인 와카和歌가 적힌 종이를 깔아준다. 이 시는 산장의 여주인이 직접 쓴 글씨라고 한다.

카훼 신코칸은 요시다산장 숙박자가 아니더라도 이용할 수 있지만 반드시 인터넷으로 사전 예약해야 한다.

주소 京都府京都市左京区吉田下大路町59-1 吉田山莊 전화 075-771-6125 영업일 11:00~17:30 (부정기적 휴무) 교통편 케이한전철철京阪電鉄 오토선鴨東線 진구마루타마치역神宮丸太町駅 5번 출구 도보 20분

산장의 나무 옆, 자그마한 카페.

(lovelenasweetskyoto44 제공)

Kansai

『유정천가족』

有頂天家族

인간은 마을에 살고 너구리는 땅에 살며 텐구는 하늘을 비행한다! 교토에서는 인간과 너구리와 텐구의 싸움이 벌어지고 이 싸움은 교토를 돌리는 큰 차바퀴와 같다. 이 돌아가는 차바퀴를 바라보는 것이 기쁨이라는 너구리 녀석이 있다. 이 너구리 녀석 야사부로는 하늘을 날아다니는 텐구를 동경하고 인간으로 변신하는 것도 좋아해서 인간들 틈 사이에서 심심할 새가 없다. 하지만 금요클럽이라는 인간 천적들이 너구리 가족들을 잡아먹을 생각을 하고 있는데….

노스타르지아

ノスタルジア

1기 1화, 7화, 13화

섹시한 미녀 벤텐이 있던 강변 음식점에 연애편지가 담긴 화살을 쏜 너구리 야사부로는 여고생으로 변신한 것도 모자라 근사한 지하 술집에 들어가 주인을 놀라게 한다. 주인은 야사부로인 것을 알고는 장소에 적합한 변신을 하고 오라고 충고한다. 그러는 사이 이들의 앞에 나타난 벤텐은 아카와리(800엔)라는 술을 주문한다. 술집을 나서기 전에는 너구리 야사부로에게 키스를 퍼부었다.

이렇게 주인공들의 아지트로 쓰였던 가게는 지하 깊숙이 자리하고 있어 그윽한 분위기를 낸다. 바닭게 맥주, 글라스와인, 위스키, 샴페인, 럼주, 데킬라 등을 취급하고 있는데 카운터석 뒤로는 술이 진열장을 가득 채웠다. 벤텐이 마시던 아카와리라는 메뉴도 실재한다. 아예 '유정천가족' 애니메이션 팬들을 위해 따로 메뉴판을 만들어 놓았다. 야사부로矢三郎(1200엔, 블루베리와 파인애플이 들어감)나 벤텐弁天(1800엔, 딸기와 샴페인이 들어감)이라는 메뉴는 주인공 얼굴을 블루베리로 그려준다. 술만 파는 것은 아니다. 이 집의 점심 대표 메뉴는 오무라이스オムライス, 나포리탄ナポリタン, 카르보나라カルボナーラ다.

무려 새벽 2시까지 영업하기 때문에 일본에서의 늦은 밤공기가 아득하게 느껴지는 이들에게는 좋은 술집이 될 것이다. 가게 이름도 '아득한 옛날 기억에 대한 향수'가 떠오르는 노스텔지어이지 않은가. 다만 흡연 가능한 점과 실내가 너무 어두운 점은 아쉽다. 그래도 직원이 엘리베이터까지 배웅을 나올 정도로 친절하다.

주소 京都府京都市中京区河原町三条上ル下丸屋町406 グリントランドビル B1F 전화 050-5890-1227 영업일 런치 12:00-14:00, 17:00-02:00 (1월 1일만 쉼) 교통편 교토시영지하철京都市営地下鉄 토자이선東西線 교토시야쿠쇼마에역京都市役所前駅 도보 1분

지하 BAR에서 너구리 친구를 만나다.

미시마테이

三嶋亭

벤텐에게 들려 스키야키すき焼き 가게에서 열린 인간들 망년회에 오게 된 야사부로. 스키야키를 좋아하냐는 벤텐의 질문에 너구리 전골만 아니면 된다는 답을 야사부로가 한다. 이내 모임의 사람들이 도착하고 고기가 익자 야사부로는 호테라는 사람과 서로 고기를 먹겠다고 싸운다.

미시마테이의 1층은 정육점을 방불케 할 정도로 고기가 가득 진열되어 있다. 2층은 손님들의 공간으로 다다미방으로 되어 있다. 기모노를 입은 나이 지긋한 여직원이 앉아서 친절히 스키야키를 구워주기 때문에 편하다. 스키야키는 처음엔 설탕을 철판에 두르고 소고기를 올린 뒤 특제 소스를 두르고 익혀 고기만 날계란에 적셔 먹는다. 그리고 두 번째는 다시 특제소스를 두르고 야채와 실곤약, 두부 등을 고기와 함께 익혀 먹는다.

허나 일본인만 예약을 받고 외국인은 호텔 프런트의 일본인이나 혹은 일본인 지인을 통해서 예약해야 하므로 다소 불편하다. 꽤 고가인 점은 아쉽지만 중년 이상의 여성이 기모노를 차려 입고 조신하게 옆에 앉아 정성껏 요리해주니 서비스 요금이라고 생각하면 편하다. 런치로 먹어도 8591엔이라 부담스러운데 저녁은 가장 저렴한 것이 무려 17545엔이다.

여행과 먹방 대결 프로그램 '배틀트립(KBS)'에서도 코미디언 김신영 씨와 걸그룹 오마이걸의 미미 씨가 방문하여 극찬한 가게로 나왔었다. 미시마테이의 창업은 1873년으로 현재는 5대째 주인이 가게를 운영하고 있다.

주소 京都府京都市中京区寺町通三条下ル桜之町405 전화 075-221-0003 영업일 11:00~19:00 (수요일 정기휴무) 교통편 교토시영지하철京都市営地下鉄 토자이선東西線 교토시야쿠쇼마에역京都市役所前駅 도보 7분

코히 츠타야

珈琲蔦屋

야사부로가 너구리 가족이 신성하게 여기는 배꼽돌에 연기를 피웠던 일을 이야기하며 음료수를 즐긴 카페다. 너구리 가족 네 마리가 인간으로 변신해 모인 날이었다. 주인공들이 앉은 자리는 텐구 가면이 벽에 걸려 있고 잉어 조형물이 천장에 달린 구석 자리다. 주인공들이 앉았던 자리 뒤쪽 선반에는 너구리 인형 세 마리가 자리 잡고 있고 벽에는 찻집이 애니메이션에 나왔던 장면을 캡처해 붙여 놓았기 때문에 '아! 이 자리구나' 하고 쉽게 알수 있다. 게다가 벽에 붙인 메뉴 위로 유정천가족에 찻집이 등장했던 장면을 캡처해 놓아 오타쿠 형제자매들의 취향을 만족시키고 있다. 그 뿐만 아니라 성지순례 인기점으로 팬들이 직접 쓰는 교류노트도 여러 권이 벽 선반에 있다.

가게 이름에서 '츠타'는 담쟁이라는 뜻인데 정작 가게 외관에 담쟁이는 보이지 않고 청기와만이 눈에 띈다. 가게 내부에는 카운터석이 있고 그 뒤로 찻장에 여러 가지의 찻잔과 컵들이 정갈하게 진열되어 있다. 찻잔을 굳이 한 개씩 세워둔 걸 보면 손님들에게 전달하고 싶은 하나의 메시지로 보인다.

커피는 카훼오레カフェオレ(500엔), 키리만자로キリマンジャロ(500엔), 티오레ティオーレ, 브렌도ブレンド(500엔), 카훼라테カフェラテ(500엔), 카푸치노カプチーノ(500엔), 모카モカ(500엔), 비엔나커피인 윈나ウィンナ(600엔), 홍차인 코챠紅茶(500엔), 코코아ココア(600엔), 보리비아ボリビア(500엔), 산토스サントス(500엔)가 있다. 디저트는 치즈타르토チーズタルト(300엔) 정도가 다이다. 흡연이 가능한 점은 아쉽다.

주소 京都府京都市中京区東洞院六角御射山町260 ロイヤルプラザ1F 전화 075-255-5727 영업일 월~금 09:00-19:30, 토 11:00-17:00 교통편 교토시영지하철京都市営地下鉄 카라스마선烏丸線, 토자이선東西線 카라스마오이케역烏丸御池駅 5번 출구 도보 7분

팬들의 숨결이 맴도는 성지순례 인기 카페!

카훼 웃디타운

カフェ ウッディタウン 1기 9화, 2기 8화

엄마 너구리가 인간으로 변신해 일하고 있는 카페에서 아들 너구리인 야사부로는 엉덩이를 데우고 있었다. 엄마는 야사부로에게 아카다마 선생을 설득해 너구리 가문의 회의에 참석하게 만들라는 부탁을 한다.

녹색 캐노피 아래 입구문의 도어노브가 커피콩 모양인 것이 재밌다. 점내 벽 선반에 커피 내리는 기구를 설치해놓거나 오스트리아의 할슈타트의 풍경 사진이 크게 있어 손님들에게 구경거리를 제공하는 점도 특이하다. 올드한 빛바랜 색의 의자도 인상적이다. 혼자 가도 카운터석으로 안내되지 않고 원하는 자리에 앉으라고 하는 점이 좋다. 커피 등 드링크보다는 5종류의 모닝세트(420엔~630엔 사이)의 바삭한 토스트나 샌드위치 그리고 런치의 파스타에 특화된 카페이다. 파스타는 샐러드와 음료수를 포함해 1000엔을 넘지 않아 저렴하다. 평일 아침은 확실히 동네 어르신들의 아지트 같은 느낌으로 동네의 어르신들이 신문을 읽으며 여유로운 시간을 즐기고 있었다.

필자가 음미한 모닝메뉴는 토스트, 샐러드, 완숙 계란이 나오는 메뉴였는데 커피와 함께 즐기니 든든한 식사가 되었다. 런치메뉴는 11:30부터 주문 가능하다. 가게는 남자 사장님 이외에는 보이지 않았다. 가게 안에서 흡연이 가능한 점은 다소 괴롭다. 카페는 시모가모신사下鴨神社에서 멀지 않은 곳에 위치해 있다. 한국에는 전혀 알려지지 않은 카페다.

주소 京都府京都市左京区下鴨松ノ木町49-2 전화 075-722-4924 영업일 08:00-20:00 (연중무휴) 교통편 케이한전철京阪電鉄 오토선鴨東線 데마치야나기역出町柳 5번 출구 도보 15분

트로트 대통령 진욱 가수마저 사로잡을 맛!

시즈야

司津屋

인간들의 망년회가 있는 날, 야사부로의 형인 너구리 야이치로가 요도가와 교수에게 잡혀 너구리 전골요리가 될 지경이다. 더욱이 야사부로의 엄마 너구리도 이미 철장에 잡혀 가게 창고에 있었다. 하지만 야사부로가 요도가와 교수를 소바 가게 앞에서 발견하고 천우신조라며 기뻐한다. 할아버지로 변신한 야사부로는 가게로 들어가 타마고동たまご丼(900엔)을 주문한다. 야사부로는 과연 엄마와 형을 구할 수 있을까?

야사부로가 먹은 타마고동은 실제 있는 메뉴다. 타마고동은 양파와 계란이 주를 이루고 간장, 설탕 등으로 맛을 더하는 비교적 간단한 덮밥이다. 토핑되는 건 자른 김 정도가 다이다.

이 집의 주 메뉴는 소바蕎麦와 우동うどん으로, 토핑으로 올려지는 닭튀김, 유부, 새우튀김, 생선구이 등에 따라 여러 가지 파생 메뉴들이 생긴다.

넓지 않은 소바집인데 무려 로봇을 통해 태블릿으로 주문한다. 가슴에 아이패드를 단 로봇이 손님을 반긴다. 심심한 가게의 내외관을 달랠 녀석의 등장인 것이다. 하지만 나이가 지긋하신 분들은 다소 곤란할 수도 있겠다. 어차피 이곳은 교토지만 관광객 친화적인 가게가 아니라 지역 주민들 사이의 은근한 아지트 같은 곳이다. 한국 관광객들에게도 전혀 알려지지 않은 가게다. 다행히 필자가 방문했을 때 로봇은 쉬고 직원이 직접 주문을 받아주었다. 자루소바ざるそば(780엔)와 카마아게우동釜揚げうどん(780엔)이 대표적인 소바우동집인데도 타마고동이나 오야코동親子丼의 인기도 그에 뒤지지 않는 독특한 가게다.

주소 京都府京都市上京区寺町今出川上ル1-81 전화 075-255-2819 영업일 11:00-15:00, 17:00-20:00 (화요일 정기휴무) 교통편 케이한전철京阪電鉄 오토선鴨東線 데마치야나기역出町柳 5번 출구 도보 8분

할아버지로 변신한
너구리 = 야사부로의
메뉴!! 타마고동
24 3 ??

인생 첫 계란덮밥 도전!

토카사이칸

東華菜館

늙은 텐구인 아카다마 선생(뇨이가타케 야쿠시보)과 그의 아들이자 제자였던 마지마 준지가 싸우며 갈등을 빚었다. 맞은편 옥상에 자리한 북경요리 전문점 토카사이칸에서는 술을 마시고 책을 읽으며 구경하는 노인이 있다. 또한 조폭같은 쿠라마 텐구 일원이 부자의 싸움에 기름을 붓고 있었다. 이곳이 바로 토카사이칸이다. 더 정확히는 5층 옥상이다.

옥상 비어가든은 시원하게 즐길 수 있도록 5월부터 9월까지만 운영한다. 엘리베이터를 타고 올라가야 하는데 직원이 직접 안내해준다. 참고로 이곳의 엘리베이터가 일본에서 가장 오래된 엘리베이터라고 한다. 할리우드 영화에서나 봤을 법한 독특한 엘리베이터다. 꼭대기 층은 총 120석 정도. 메뉴는 해파리초무침クラゲの酢の物이 있는 냉채류, 게살상어지느러미수프かに入りフカヒレスープ가 있는 수프류, 전복스테이크アワビステーキ가 있는 해선류, 팔보채八宝菜-마파부두麻婆豆腐가 있는 야채두부류, 새우튀김이나 에비칠리エビチリ가 있는 새우류, 친쟈오로스チンジャオロース-춘권春巻き-탕수육酢豚이 있는 우육돈육류, 베이징덕北京ダック이 있는 닭고기계란류, 물만두水餃子-찐만두蒸し餃子-군만두焼き餃子-볶음밥チャーハン이 있는 주식류, 안닌두부杏仁豆腐가 있는 디저트류로 나뉘어져 있는데 가장 인기 메뉴는 춘권인 하루마키春巻き(1800엔)다.

카모가와鴨川강과 시죠대교四条大橋에 면하고 있어 풍경이 좋다. 여름에는 납량 테라스석을 운영해, 보다 카모가와를 가까이에서 만끽할 수 있다. 카모가와를 제대로 즐기고 싶다면 이 가게에서 테이크아웃 도시락을 받아 강가로 가는 것도 좋을 듯하다.

주소 京都府京都市下京区西石垣通四条下ル斎藤町140-2 전화 075-221-1147 영업일 11:30-21:00 (연중무휴) 교통편 케이한전철京阪電鉄 케이한혼선京阪本線 기온시죠역祇園四条駅 3번 출구 도보 3분 / 한큐전철阪急電鉄 교토선京都線 카와라마치역河原町駅 1번B 출구 도보 1분

**시원한 경치의 명건축에서
점심을….**

(naohikoh 제공)

킷사 파라 이즈미

喫茶 · パーラー いずみ

온탕에서 몸을 지진 야사부로는 이즈미라는 가게에서 믹쿠스쥬스ミックスジュース를 마시며 목을 적신다. 그러다 친척 여동생 너구리가 설탕 단지로 변신한 것을 눈치 채고 대화를 이어나간다.

참고로 야사부로가 음미한 믹쿠스쥬스는 실제 있는 메뉴다. 믹쿠스쥬스에는 파인애플, 복숭아, 귤, 우유 등이 들어간다. 필자가 방문했을 때 야사부로가 앉았던 자리는 오타쿠 커플이 이미 점령하고 있었다. 주문할 때 주인공이 먹었던 음료가 무엇인지 주인아주머니에게 여쭈니 도리어 옆자리에서 대답을 해줘서 그들의 정체를 알 수 있었다.

가게는 식물 넝쿨에 휩싸인 2층에 위치해 있다. 의자가 너무 촌스럽고 투박해서 도리어 사랑스럽다. 주인공처럼 창가에 앉으면 바깥을 내려다 볼 수 있다. 극에서 커튼이나 의자, 메뉴판 등 섬세하게 가게를 똑같이 담아냈다.

이 가게는 하무산도잇치ハムサンドイッチ(700엔), 홋토케키ホットケーキ(450엔), 토스토トースト(250엔), 후르츠파훼フルーツパフェ(700엔), 크리무미츠마메クリームみつ豆(500엔), 앙미츠あんみつ(500엔) 등의 디저트가 있다. 음식메뉴는 카레라이스カレーライス(700엔)가 유일하다. 음료는 커피コーヒー(400엔), 홍차인 코챠紅茶(400엔), 코코아ココア(450엔), 크리무소다クリームソーダ(550엔), 바나나쥬스バナナジュース(600엔), 오렌지쥬스オレンジジュース(450엔), 유즈챠柚子茶(400엔), 토마토쥬스トマトジュース(550엔) 정도인데 관광지임에도 바가지가 없는 가격이다. 여름에는 빙수 메뉴가 등장한다. 한국어가 병기된 메뉴판이 있고 오전 9시에서 오전 11시까지의 모닝서비스(토스트, 계란후라이, 샐러드가 550엔)가 있어 좋지만 흡연 가능한 점은 아쉽다.

주소 兵庫県神戸市北区有馬町828 전화 078-903-0780 영업일 09:00-16:00 (화요일 정기휴일) 교통편 고베전철神戸電鉄 아리마선有馬線 아리마온센역有馬温泉駅 출구 1개소 도보 4분

믹쿠스쥬스의
달콤함으로 샤워하다!

와카사야

若狭屋

킷사 파라 이즈미에서 설탕 단지로 변신한 친척 여동생과 대화를 나누던 야사부로는 이곳 와카사야에서 파는 시원한 아리마사이다有馬 サイダー 병 음료수(250엔)를 마시는 벤텐을 목격한다. 한편 벤텐과 일행들은 와카사야에서 기념품을 잔뜩 사서 나온다. 참고로 아리마온천 킨노유金の湯에서 몸을 녹이던 야사부로의 회상 신에서 야사부로는 아리마온천에 다녀온 아빠 너구리 소이치로로부터 아리마온천 전병 상자를 선물로 받았었다. 소이치로가 와카사야에서 샀다는 것을 확언하기 어렵지만 극중의 전병 상자와 와카사야에서 판매하는 전병 상자의 모양과 무늬는 똑같다. 유정천가족 팬들이 기념으로 사서 음미하기에 좋은 최고의 선물이 아닐 수 없다. 탄산 전병 종류로는 딸기맛, 녹차맛, 바닐라맛, 초콜릿맛 크림이 있다. 전병 앞에 탄산이 들어가는 이유는 전병을 빚을 때 탄산수로 빚기 때문에 그렇다고 한다. 여러 가지 맛 중에 녹차 맛 탄산 전병이 가장 인기를 누리고 있다. 벤텐이 마시던 아리마사이다는 270ml의 용량이다.

아리마온천 킨노유로 가는 본격적인 오르막길의 시작에 위치한 와카사야는 탄산전병炭酸煎餅, 입욕제, 차, 식기, 장난감, 건어물, 가방으로 유명한 기념품점이다. 가게는 오렌지색 간판이 눈길을 끈다. 야사부로가 벤텐을 바라보던 이즈미라는 카페가 바로 길 건너 맞은편에 위치해 있고 가게의 바로 앞에는 오사카 우메다의 한큐삼번가阪急三番街나 교토역京都駅을 오가는 버스정류장 역할을 하는 '한큐버스 아리마안내소阪急バス有馬案内所'가 있어 찾기 쉽다. 전차를 타고 환승하기 귀찮다면 오사카 우메다 한큐 3번가나 교토역에서 아리마온천으로 오는 버스를 예약해 이용하면 쉽다.

주소 兵庫県神戸市北区有馬町829 전화 078-903-0028 영업일 07:30-20:00 (연중무휴) 교통편 고베전철神戸電鉄 아리마선有馬線 아리마온센역有馬温泉駅 출구 1개소 도보 4분

전병? 아니죠!
센베이? 맞습니다.

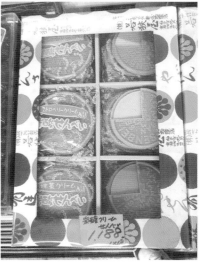

마메키요

まめ清

와카사야에서 기념품을 잔뜩 사서 나온 벤텐과 일행들을 몰래 따라가 야사부로가 도착한 곳은 벤텐이 소프트아이스크림을 먹으며 나온 마메키요였다. 실제로 아이스크림이 이 집의 가장 유명한 메뉴다. 일반 우유가 아닌 두유로 만든 소프트아이스크림이라 그런지 고소한 맛을 진하게 느낄 수 있었다. 어떤 것은 검은콩 두유로 만들어 다소 검은 아이스크림도 있을 정도다. 검은콩 두유로 만든 소프트아이스크림을 주문하면 아이스크림에 콩두 알로 눈을 만들어준다. 50엔이나 100엔을 더하면 플레인 또는 녹차맛 또는 초코 미니 도넛을 토핑할 수도 있다. 컵에 담아 먹을 수 있고 콘에 담아 먹을 수도 있다. 가장 저렴한 소프트아이스크림은 350엔이고 가장 비싼 건 480엔이다. 뜨거운 온천에 몸을 녹이고 음미하는 소프트아이스크림은 온천 관광지의 국룰이라 하겠다.

주의할 점은 마메키요가 아리마온천에 두 곳이 있다는 점인데 극중에 등장한 곳은 킨노유 가까이 위치한 곳이 아닌, 언덕길을 올라가다가 만날 수 있는 카미오보라는 호텔 현관 바로 왼편에 있는 마메키요라는 점이다.

이 집의 또 다른 인기 메뉴는 200엔에서 250엔 사이 가격의 플레인, 감자, 녹차, 쇼콜라, 딸기, 화이트초코 등의 미니도넛꼬치다. 커피와 미니도넛꼬치를 조합하는 세트 메뉴도 있다.

주소 兵庫県神戸市北区有馬町1175 전화 078-903-3225 영업일 09:00-18:00 (연중무휴) 교통편 고베전철神戸電鉄 아리마선有馬線 아리마온센역有馬温泉駅 출구 1개소 도보 5분

입안을 감싸는 고소한 두유 아이스크림의 풍미.

Kansai

『나는 내일 어제의 너와 만난다』

ぼくは明日、昨日のきみとデートする

평범한 안경남 '타카토시'는 대학교로 가는 에이덴 전철에서 '에미'라는 여자가 책을 보고 있는 모습을 보고 첫눈에 반한다. 타카토시의 수줍은 고백으로 연인이 되고 즐거운 데이트를 즐기지만 타카토시는 한편 기묘한 기분이 든다. 에미가 미래를 보는 듯한 착각 말이다. 에미의 다이어리를 본 타카토시는 크게 놀란다. 이 사실을 안 에미는 시간이 서로에게 거꾸로 흐른다는 사실과 과거 연못에서 타카토시를 구한 사람이 바로 자신이었다며 타카토시를 이해시킨다. 5년에 한번씩 30일만 만날 수 있다는 에미의 말에 멘탈붕괴가 오는 타카토시. 이들은 어떤 결말을 맞이할까?

스타박쿠스 코히 교토산죠오하시점

スターバックス・コーヒー 京都三条大橋店

영화관에서 적극적으로 들이대라는 학교 친구의 성화에 못 이겨 영화를 보자는 데이트 약속 전화를 한 타카토시는 카모가와 강이 아래로 흐르는 산죠오하시 다리를 건넌다. 이렇게 두 주인공의 3일째가 시작됐다.

만화판 1권에서는 산죠역 개찰구 앞 기둥 모뉴먼트에서 기다리는 에미 옆모습을 바라보는 타카토시의 모습이 그려졌다. 삼기둥 작품에서 만난 두 사람은 산죠오하시三条大橋를 건너고 카모가와 강변에 앉은 커플들을 보며 재밌어했다. 에미는 다리를 거의 다 건널 때쯤, 스타벅스를 발견하고 스타벅스의 멋과 분위기에 반한다. 그렇게 두 사람은 영화를 보고 난 뒤 스타벅스에서 산죠오하시가 보이게 앉아서는 운동 이야기를 하거나 지나가는 강아지를 보고 귀여워하거나 했다. 스타벅스에서 장면은 이뿐만이 아니다.

만화판에서는 에미가 타카토시에게 카모가와 강변으로 가보자는 제안을 해 두 사람이 내려가 앉아 풍경을 바라보는 장면이 그려졌다. 그러다가 에미가 갑자기 폭주해 타카토시에게 널 줄곧 보고 있었다는 발언을 해 타카토시를 놀라게 하기도 했다. 놀라긴 했지만 타카토시는 용기를 내 에미에게 사귀어달라는 고백을 한다.

주소 京都府京都市中京区三条通河原町東入中島町113番 近江屋ビル 전화 075-213-2326 영업일 08:00-23:00 (부정기적 휴무) 교통편 케이한전철京阪電鉄 케이한혼선京阪本線 오토선鴨東線 산죠역三条駅 7번 출구 도보 1분

카모가와 스타벅스에서 커피 한 잔의 여유를.

킨노토리카라 신쿄고쿠점

金のとりから 新京極店

만화판에서도 에미와의 데이트를 위한 사전 조사를 위해 타카토시가 산죠명점가의 가게들을 미리 봐두는 것으로 그려졌다. 타카토시가 미리 봐둔 가게에는 '긴카라'라고 나오는 가게가 있는데 실제 이름은 킨노토리카라다. 킨노토리카라의 병아리캐릭터까지 만화책에 잘 그려졌다. 타카토시가 사전 조사한 보람이 없이, 데이트가 시작됐을 때 이곳의 음식 맛이 평범해 두 사람 모두 살짝 기분이 다운되는 장면이 연출됐다.

만화책에서는 평범한 맛이라고 나오지만 실제로는 나쁘지 않다. 보통의 카라아게唐揚げ(닭튀김)의 모양과 비교해 이곳의 카라아게는 먹기 쉽게 스틱형이다. 게다가 오리지날 스파이스, 스위트칠리, 마요네즈, 초콜릿, 레몬, 바베큐, 몽골암염 소스가 준비되어 취향에 맞게 첨가해 먹으면 된다(점포마다 구비한 소스가 다를 수 있음). 어떤 소스들을 조합하면 더 맛있을지 알려주는 안내문도 커다랗게 붙어있다. 킨노토리카라는 닭가슴살을 사용한다. 1인분 싱글사이즈 100그램에 300엔이라는 가격으로 정평이 나 있어 가볍게 들고 다니며 즐기기에 좋다. 기다릴 필요도 거의 없기 때문에 간편하다. 주로 상점가를 찾은 관광객이나 본 가게 옆에 위치한 영화관을 찾은 관객들이 심심풀이로 사서 먹는 테이크아웃 전문 가게라 안에서 먹을 공간은 없다.

킨노토리카라에서 가까운 거리에 타카토시와 에미가 데이트하던 야나기코지 골목길이 있다. 타카토시가 답사한 곳이 야나기코지 골목길이다. 에미가 미소를 띠며 정말이지 좋아했던 골목길까지 정복해보자.

주소 京都市中京区桜之町406−11 전화 080−6207−5677 영업일 평일 12：00−20：00. 토, 일, 국경일 11：00−20：00 교통편 교토시영지하철京都市営地下鉄 토자이선東西線 교토시야쿠쇼마에역京都市役所前駅 3번 출구 도보 5분

아케이드 상점가의 한 입 간식.

사라사니시진

さらさ西陣

영화를 본 타카토시와 에미는 차를 즐기러 사라사니시진에 왔다. 창가자리에 앉은 이들은 산책하는 포메라니안 강아지를 보고 귀여워한다. 물론 타카토시는 이곳 역시 에미와 만나기 전 예행 연습 차 왔었다. 에미는 타카토시의 손짓을 귀여워한다.

하지만 두 주인공이 다시 이 카페에 오게 되었을 때는 두 사람 모두의 멘탈이 붕괴된 상태가 된다. 주인공 두 사람에게 시간이 엇갈려 거꾸로 간다는 사실을 알게 되었기 때문이다. 두 사람은 남은 시간을 소중히 보내려 더 애틋하고 즐겁게 맛챠로루케키 등을 즐기며 행복한 시간을 이 카페에서 보낸다. 그러나 맛챠로루케키抹茶ロールケーキ는 실제로는 판매하지 않는 메뉴이다. 주인공이 맛챠로루케키를 먹은 것은 만화판에서 주인공들이 음미한 메뉴였기 때문이다. 만화판에서 주인공들은 사료 아부라쵸茶寮油長에서 맛챠로루케키를 먹는 걸로 등장한다. 이곳에서 영화의 메뉴는 즐기지 못했지만 맛챠를 이용한 아이스크림은 맛볼 수 있었다. 영화판에서 3월 13일 에미의 일기장에는 '점심은 사라사에서 홋토산도를 먹는다'라고 적혀 있기도 했다.

고마츠나나의 사인지가 고개를 치켜들어 둘러보니 보인다. 이 카페는 일본의 인기 애니메이션 케이온 11화 등 귀염둥이 여고생들이 자주 들르는 카페 성지로도 유명하다. 게다가 슈퍼스타 여배우 아야세 하루카의 화보를 촬영한 곳이기도 하다. 입구에 대기자 명부가 있으니 만석일 경우 이름을 쓰고 기다리면 된다.

주소 京都府京都市北区紫野東藤ノ森町11-1 전화 075-432-5075 영업일 11:30-22:00 (수요일은 정기휴무) 교통편 교토시영지하철京都市営地下鉄 카라스마선烏丸線 쿠라마구치역鞍馬口駅 2번 출구 도보 15분

목욕탕을 카페로
변신시킨 기발한 감성.

사료 아부라쵸

茶寮 油長

만화판 2권에서는 후시미모모야마 상점가伏見桃山商店街를 구경하며 데이트하는 타카토시와 에미의 모습이 그려졌다. 두 사람은 일본차를 즐기는 카페 느낌이라며 찜 해뒀다가 다시 방문해 메뉴 선택에 대단히 고심한다. 끝내는 타카토시가 젠자이ぜんざい를, 에미가 맛챠로루케키 세트抹茶ロールセット(750엔)를 주문해 음미한다. 에미는 맛챠로루케키의 크림이 굉장하다며 극찬하다가 타카토시의 젠자이를 보고는 한입 먹어도 되냐고 순진무구하게 물어본다. 그리고 응이라는 대답이 돌아오자 기뻐한다.

비교적 젊은 자매가 운영하는 사료아부라쵸는 기념품을 파는 곳을 지나 깊숙하게 자리하고 있지만 천장이 높고 채광이 좋아 밝고 개방감이 넘친다. 이 찻집 최고의 추천메뉴는 에미가 즐긴 맛챠로루케키가 맛챠와 세트로 들어간 맛챠로루케키 세트다. 케이크 위에 하얗게 고운 설탕가루가 뿌려져 있어 마치 녹차밭에 눈이 내린 듯한 분위기를 자아내는데 맛은 설명할 길이 없을 정도로 달콤하고 부드럽다. 타카토시가 주문해 음미한 젠자이는 무려 5종류가 있어 어떤 것인지 특정할 순 없지만 기본적으로 가격과 내용물이 다소 차이가 있을 뿐 팥죽에 떡이 들어간 것이라 어떤 것을 선택해도 아주 특별한 차이점은 없다. 참고로 젠자이를 주문할 때 떡을 많이 먹고 싶다면 추가 주문이 가능하다. 한 개당 50엔을 지불하면 되고 몇 개라도 추가할 수 있다.

찻집이 있는 근처에 만화판에서 타카토시가 그릇을 구매했던 마츠다라는 상점이 있으니 관심이 있다면 들러 보는 것도 좋겠다.

주소 京都府京都市伏見区東大手町779 전화 075-601-1005 영업일 09:00-18:00 (연중무휴) 교통편 케이한전철京阪電鉄 케이한혼선京阪本線 후시미모모야마역伏見桃山駅 서출구西口 도보 4분

교토의 녹차 아가씨! 롤케이크에 시집간 날.

토요쿠니 코히

トヨクニ・コーヒー

타카토시가 이사를 하는 날 에미는 일손을 돕기 위해 찾아오고 타카토시의 친구 우에야마와 인사한다. 친구를 보낸 두 주인공은 짐을 풀며 호칭을 정감 있게 정리한다. 타카토시는 연못에서 목숨을 구해준 여인에게서 받은 열쇠가 걸린 책을 에미에게 설명해주기도 한다. 살던 마을에서 우연히 생명의 은인을 만났는데 이 책을 다음에 만날 때까지 맡아달라는 기묘한 부탁을 받았다는 것이다. 이후에는 청과를 사서 타카토시의 집 계단을 오르는 장면에도 재차 토요쿠니 코히가 등장한다.

토요쿠니하우스 건물은 일본이 전쟁을 일으키기 이전에 지어진 철근콘크리트 구조의 건물로 일본에 현존하는 가장 오래된 철근콘크리트 집합건물이다. 건물 오른편엔 카페가 1, 2층에 자리하고 있는데 재미나게도 이곳이 타카토시의 집이다. 영화의 설정상으론 그렇지만 집 내부는 하나타니 히데후미 미술감독의 연출에 의해 도쿄의 세트에서 촬영되었다고 한다. 카페에는 영화를 위한 팬들이 많이 찾아와서인지 기념공간이 마련되어 있는데, 바로 미싱 자리이다. 이 미싱 자리를 만들어 놓고 영화의 액자나 관련기사를 조금 올려두었다. 일반 집의 다다미방 같은 느낌을 주는 방도 있고 테라스석도 있다. 오래된 브라운관 TV와 재봉틀을 두어 레트로한 옛날 일본집을 연상시킨다. 2층은 토요쿠니코히 2호점으로 커피와 매일 바뀌는 케이크 등을 취급하고 있다.

이 카페는 모녀가 담을 일부 허무는 등 리모델링을 통해 2016년 카페의 문을 열었다.

주소 大阪市都島区高倉町1-14-3 전화 06-6167-9255 영업일 11:00-18:00 (수, 일, 국경일은 쉼) 교통편 오사카시영지하철大阪市営地下鉄 타니마치선谷町線 미야코지마역都島駅 5번 출구 도보 10분

영화의 한 장면이
떠오르는
따뜻한 카페.

타코야키 잇짱

たこ焼きいっちゃん

29일째 되던 날, 타카토시와 에미는 타카토시의 부모님 집을 찾아 나선다. 버스에서 내린 타카토시는 집으로 가면서 자신이 놀던 신사나 슈퍼마켓 등을 에미에게 소개한다. 타카토시가 말한 뛰어놀던 신사라 함은 이와시미즈하치만구石清水八幡宮라는 곳이다.

타코야키 집을 발견하고 발걸음을 멈춘 타카토시는 타코야키 30개를 주문해 가게 바로 앞에 벤치에 앉아 에미와 함께 맛있게 즐긴다. 에미는 뜨겁고 맛있어서 발을 동동 구르게 되는데, 에미가 발을 동동 구르는 모습을 보고 타카토시는 어릴 적 자신에게 책을 줬던 서른 살의 에미가 타코야키를 이곳에서 먹으며 발을 구르던 기억을 생각해낸다. 그리고 15살의 타카토시 자신에게 반드시 만화가가 될 수 있다고 격려하던 서른 살의 에미도 추억한다.

이곳의 타코야키는 6개에 고작 300엔으로 저렴하고 간단하게 맛볼 수 있어 좋다. 토핑이나 소스가 없는 교토풍으로 도리어 깔끔하게 먹을 수 있다. 반죽은 가다랑어 국물이 들어갔다고 한다. 가게 안에는 영화의 공식포스터는 물론이고 두 주인공과 감독의 사인 그리고 촬영지 지도까지 친절히 붙어 있다. 게다가 영화에 가게가 등장했던 장면을 코팅해 붙여놓기까지 해서 영화 팬들의 추억을 되새기게 한다. 주인공 두 사람이 앉았던 나무 벤치도 그대로다. 단 토요일과 일요일만 영업하므로 방문에 주의하자.

주소 京都府八幡市八幡高坊25 전화 075-971-0016 영업일 11：30-18：00 (토, 일요일만 영업) 교통편 케이한전철京阪電鉄 케이한혼선京阪本線 이와시미즈하치만구역石清水八幡宮駅 도보 3분

가게 앞
벤치에 앉으면
당신도 주인공.

(moe.grumen 제공)

Kansai

『조제, 호랑이 그리고 물고기들』

ジョゼと虎と魚たち

다이빙을 취미로 가지고 있는 20대 남성 츠네오는 우연히 언덕길에서 쏜살같이 내려오는 휠체어 탄 아가씨 쿠미코(조제)와 부딪히면서 인연이 생긴다. 조제의 할머니가 츠네오에게 저녁식사를 함께 하자는 제안으로 그 인연의 물결은 더 거세진다. 결국 조제의 집에서 장애를 가진 조제를 돌보는 특이한 아르바이트를 하게 된 츠네오는 조제와 티격태격한다. 하지만 우연치 않게 조제와 바다로 가게 되면서 점점 가까워지는데….

훗코리다이닝구 타나카

ほっこりダイニング 田中

선술집에서 맥주잔을 쾅 하고 내려놓는 츠네오의 행동에 감자튀김과 카라아게唐揚げ를 먹고 있던 아르바이트처의 동료들인 하야토, 마이는 츠네오를 걱정한다. 그리고 돌보는 아이가 어떻길래 츠네오가 화가 나 있는지 궁금해하기도 하며 술을 음미하기도 했다. 사실 조제는 츠네오에게 정좌를 하고 가만히 있게 하거나 다다미 바닥의 눈금 수를 세어보라고 하는 등 특이한 기행으로 츠네오를 힘들게 하고 있었다. 하야토는 츠네오를 좋아하는 마이를 생각해서 츠네오에게 한마디 하려다가 마이의 카라아게 입막음 공격으로 말을 잇지 못했다.

이곳에서는 영화의 배경이 된 기념으로 애니메이션에 주인공들이 먹고 음미했던 메뉴 조합인 생맥주와 카라아게를 '조제토라세트'라고 명명하고 판매했었다. 마이가 마시던 특이한 금속 술잔은 지금도 그대로 있지만 조제토라세트는 없어졌다. 닭튀김인 카라아게는 없어졌지만 닭고기를 토치로 구운 녀석은 있다. 카운터석이 있어 반갑고 길거리를 차지한 테라스석도 개방감이 넘친다. 그러니 저녁 퇴근 시간에는 직장인들로 붐빈다. 이 가게 주변 일대가 호객행위도 있는 술집 밀집 지역이다. 이 가게는 포테토사라다ポテトサラダ, 크림스튜, 계란말이, 해선덮밥, 복어회, 스시寿司, 오뎅おでん, 에비마요海老マヨ, 훈제계란, 모츠니코미もつ煮込み 등 다양한 메뉴를 준비하고 있다. 다만 큐알코드를 읽어 들인 뒤 주문하는 방식이라 다소 생소할 수도 있다.

주소 大阪府大阪市北区天神橋5-1-17 전화 06-6358-5518 영업일 12:00-23:30 (연중무휴) 교통편 JR 칸죠선環状線 텐마역天満駅 출구 1개소 도보 3분

직장인 술꾼들의 시끌벅적 술 놀이터.

딥파단 신사이바시OPA점

ディッパーダン 心斎橋オーパ店

츠네오의 도움으로 바다에 다녀와 기분이 좋아진 조제는 할머니
가 낮잠을 주무시는 오후의 시간을 틈타, 츠네오와 오사카 시내
를 활보한다. 그리고 아메리카무라ｱﾒﾘｶ村의 dipper dan crepe의
푸드트럭(일본에서는 킷친카라고 부른다)에서 파는 이치고미르휘유 크레
이프ｲﾁｺﾞﾐﾙﾌｨｰﾕｸﾚｰﾌﾟ(590엔)를 사서 허겁지겁 먹는다. 츠네오
는 크레이프 처음 먹어보냐며 조제를 놀리고 조제는 남자친구랑
많이 먹었다며 허풍을 떨기도 했다. 츠네오가 먹었던 것은 소세
지사라다ｿｰｾｰｼﾞｻﾗﾀﾞ라는 크레이프였다. 소세지사라다에는 이
름처럼 소세지를 비롯해 참치와 옥수수 콘이 들어가 있다. 조제
가 먹었던 이치고미르휘유크레이프에는 딸기를 비롯 카스타드
크림과 네모난 과자, 블루베리가 들어 있다. 특정 크레이프의 브
랜드를 특정할 수 있었던 건 조제가 크레이프를 먹는 장면에 친
절하게도 푸드트럭의 브랜드명이 그대로 뒤로 보이기 때문이다.
딥파단은 프랜차이즈 가게로, 주인공들이 먹었던 장소인 아메리
카무라에서 가장 가까운 지점이 OPA점이다. 딥파단은 자사의
크레이프가 애니메이션에 등장한 것을 기념해 영화의 개봉과 더
불어 여러 가지 캠페인과 이벤트를 진행했다. 딥파댄의 크레이
프는 딸기바나나초코, 바나나초코, 딸기초코, 카스타드딸기바나
나, 카스타드바나나, 카스타드딸기, 바나나쇼콜라, 딸기쇼콜라,
딸기레어치즈케이크, 블루베리레어치즈케이크, 푸링아라모도,
후루츠카스타드, 딸기브라우니, 딸기티라미스, 아이스베리, 아이
스후르츠, 아이스망고, 아이스카라멜초코 등 50종에 이른다. 매
월 9일, 19일, 29일을 크레페 데이로 정하고 모든 크레페를 390
엔에 판매한다.

주소 大阪府大阪市中央区西心斎橋1-4-3 B2F 전화 06-6210-5501 영업일 11：
00~21：00 (연중무휴) 교통편 오사카시영지하철大阪市営地下鉄 미도스지선御堂筋線, 나가호
리츠루미료쿠치선長堀鶴見緑地線 신사이바시역心斎橋駅 7번 출구 도보 2분

상큼달콤한 크레페 한 입의 행복.

킷사 도레미

喫茶 ドレミ

조제에게 직업을 소개해 자립하게 하려는 공무원과 조제의 할머니가 만나 커피와 푸린로야루プリンローヤル(1000엔)라는 달달한 디저트를 즐긴 카페다. 할머니는 조제가 최근 외출을 즐기며 성격도 바뀌었다며 공무원에게 이야기한다.

조제의 할머니가 음미한 푸링로야루는 유리 그릇에 푸딩, 사과, 생크림, 자몽, 파인애플, 키위, 귤, 아이스크림, 황도, 체리, 바나나가 절묘하게 들어간 근사하고 달콤한 최고의 디저트다.

오사카 사람이라면 누구나 알고 있는 통천각 타워 바로 밑에 위치한 킷사 도레미는 덩굴로 감싸인 특이한 모습을 하고 있다. 길 코너에 자리하고 있어 건물 자체의 생김도 독특하다. 원래는 사진관으로 쓰였던 곳에 찻집을 낸 것이다. 점내에는 '조제 호랑이 물고기들' 애니메이션 영화에 본 카페가 등장했던 장면을 캡처한 액자와 공식포스터도 장식해 두어 팬들의 눈길을 사로잡는다. 큰 창을 가리는 용도의 레이스커튼이나 대리석 테이블 그리고 빛바랜 소파 등도 올드하지만 도리어 분위기가 넘친다. 커피젤리나 크림소다를 비롯한 음료에 더불어 핫케이크, 샌드위치, 스파게티, 카레라이스, 필라프 같은 가벼운 식사류가 준비되어 있다.

도레미 근처 도보 수 분 거리에 텐노지동물원天王寺動物園이 있는데 이곳은 조제와 츠네오가 호랑이와 눈싸움을 한 곳이다. 관리인과 함께라면 무서운 걸 볼 수 있다는 조제의 말에 츠네오는 의아하게 생각한다. 그러는 찰나 호랑이가 으르렁대자 조제는 츠네오의 팔을 잡는다. 조제의 마음이 츠네오에게 확실히 넘어갔음을 알 수 있는 장면이었다. 시간이 흐른 뒤 조제는 눈이 내리는 츠네오의 퇴원일에 홀로 동물원에 와, 호랑이를 다시 보기도 했다.

주소 大阪府大阪市浪速区恵美須町東1-18-8 전화 06-6643-6076 영업일 10:00–20:00 (부정기적 휴무) 교통편 오사카시영지하철大阪市営地下鉄 사카이스지선堺筋線 에비스쵸역恵美須町駅 3번 출구 도보 3분

푸딩 품절! 누가 푸딩에게 돌을 던졌나?

『방과 후 주사위 클럽』

放課後さいころ倶楽部

소심한 성격에 취미도 없는 여학생 미키, 활발한 성격의 타카야시키 아야는 재밌는 일을 찾다가 반장인 미도리가 아르바이트하는 보드게임카페에까지 이르게 된다. 그렇게 매력적인 보드게임에 빠지게 되면서 여고생 세 명의 우정은 더욱 돈독해진다. 이 애니메이션을 보다 주인공들이 하는 보드게임을 실제로 구매하고 싶은 욕구가 샘솟을 것이다.

사보 이세항

茶房 いせはん

미키, 아야, 미도리가 고교 1학년 1학기를 마치고 더운 교토의 여름을 식히기 위해 앙미츠와 파훼를 즐기던 곳으로 사보 이세항이 등장한다. 게다가 7화에서는 미키가 홀로 맛챠 음료를 마시며 음악을 듣던 곳으로도 등장한다. 미도리와 아야가 먹은 것은 넓적한 그릇에 나오는 특제 앙미츠特製あんみつ(1100엔), 미키가 먹은 것은 기다란 유리컵에 나오는 이세항파훼いせはんパフェ(1300엔)였다. 이세항파훼에는 맛챠아이스크림, 콩가루아이스크림, 팥, 한천, 경단, 맛챠젤리 등이 들어가 있다. 특제앙미츠에는 소프트아이스크림, 팥, 한천, 맛챠젤리, 흑젤리, 경단, 와라비모찌, 맛챠모찌 등이 들어가 있어 달콤 그 자체다.

주인공들이 앉았던 자리에는 애니메이션의 사인 첨부 포스터가 벽에 붙어 있어 팬들을 감동하게 하고 있다. 주인공 미키의 목소리를 더빙한 성우 미야시타 사키宮下早紀가 직접 이곳을 방문해 주인공들이 먹었던 메뉴를 그대로 주문해 음미하고 사인까지 하고 간 흔적이다.

일본에서 가장 고급이라는 탄바丹波 팥만을 이용해 디저트를 만들고 있다. 대표 메뉴인 앙미츠 외에도 수제 아이스크림을 사용한 파르페와 봄에는 딸기, 여름에는 빙수, 가을에는 탄바 밤을 사용한 메뉴 등 계절별로 다양한 메뉴가 준비되어 있다. 떡은 교토에서 가장 유명한 떡집인 '데마치 후타바'에서 공급받아 사용하고 있다. 데마치 후타바는 '타마코마켓'이라는 애니메이션에서 주인공 타마코네 떡집이 만드는 콩떡을 실제로 판매하는 모델이 되는 떡집이다.

주소 京都府京都市上京区青龍町242 전화 075-231-5422 영업일 11:00-18:00 (화요일은 정기휴무) 교통편 케이한전철京阪電鉄 오토선鴨東線 데마치야나기역出町柳駅 1, 3번 출구 도보 5분

불변의 맛 앙미츠에 태클을 걸지마.

Kansai

『명탐정 코난: 진홍의 수학여행』

名探偵コナン : 紅の修学旅行

천년고도 교토로 수학여행을 가게 된 쿠도 신이치와 친구들은 교토의 기요미즈데라를 비롯, 야사카 신사, 산쥬산겐도, 요겐인 등을 구경하고 맛있는 디저트를 음미하는 등, 즐거운 시간을 보낸다. 우연한 계기로 여배우 케이코를 만나는데, 그녀의 영화와 관련한 살인 사건이 일어난다. 살인 사건의 현장에는 피 묻은 발자국, 나뭇잎, 암호가 남겨 있는데, 란으로부터 고백에 대한 답변을 듣지 못한 쿠도 신이치, 코난은 란에게 대답을 들을 수 있을까? 그리고 사건을 제대로 해결할 수 있을까?

후르츠 파라 야오이소

フルーツパーラーヤオイソ

란, 세라, 소노코가 후루츠산도 フルーツサンド(825엔)와 후르츠믹쿠스
쥬스フルーツミックスジュース(550엔), 오렌지쥬스(660엔)를 즐기던 곳이다.
코난은 간식에는 관심이 없는 듯, 음료수만 마셨고 그저 즐거워
하는 란을 바라보고 있었다. 극장판뿐만 아니라 만화 102권에서
도 란과 카즈하는 디저트를 즐기러 야오이소에 와서는 헤이지
와 모미지가 바람을 피우지는 않을까 걱정하며 크림이 들어가
달달한 후르츠산도를 즐겼다. 란, 세라, 소노코 중 일부는 후르츠
산도셋트를 주문했을 것이다. 후르츠산도와 믹쿠스쥬스 세트를
1100엔에 즐길 수 있기 때문이다. 단품으로 조합하면 세트보다
비싸지니 세트 메뉴가 훨씬 이득이다. 기본적으로 후루츠산도는
가격만 제외하고 생각하면 호불호가 없는 디저트다.

주인공들처럼 점내에서 먹으려면 바쁜 시간대에는 웨이팅이 있
을 수 있다. 테이크아웃 과일샌드위치가 있으니 점내에서 굳이
먹지 않아도 된다면 포장을 추천한다. 딸기, 키위, 파인애플, 파
파야, 멜론은 이 집의 인기 과일이다. 상시 내어지는 과일도 있
지만 계절한정 과일도 많다. 가을에는 감이나 밤 샌드위치가 있
을 정도다. 과일샌드위치 이외에 풍부한 과일을 이용한 파훼나
과일빙수 등의 메뉴도 있다.

이 가게의 역사는 1800년대 야오이소 청과점으로 거슬러 올라
간다. 1973년 야오이소청과점이 자신들의 주특기를 살려 후르
츠 파라 야오이소를 창업한 것이다. 현재는 6대째 사장인 하세
가와 씨 부부가 운영 중이다. 벽면의 새파란 과일 그림은 키무라
히데키라는 화가가 그려준 그림이라고 한다.

주소 京都府京都市下京区四条大宮東立中町496 전화 075-841-0353 영업일 09:30~
16:45 (연중무휴) 교통편 한큐전철阪急電鉄 교토선京都線 오미야역大宮駅 2A출구 도보 1분

과일 샌드위치의 촉촉함에 젖어들다.

기온토쿠야

ぎおん徳屋

달콤한 함정 편에서 란과 카즈하가 연극을 기획해 준 스폰서의 초대로 교토에 방문해 음미했던 디저트 가게다. 그녀들이 즐긴 것은 토쿠야의 혼와라비모찌本わらびもち(1,250엔)였다. 만화책에서는 이름을 토쿠다이야로 살짝 바꿔 등장시켰다. 실제 가게를 홍보할 이유가 전혀 없기 때문이다.

토쿠야는 유명한 길인 하나미코지花見小路 골목길에 위치해 있다. 토쿠야의 와라비모치는 고사리 전분과 설탕으로 만들어 대단히 점성이 대단하고 부드러운 것이 특징이다. 젤리보다는 훨씬 물컹해서 숟가락으로도 젓가락으로도 잘 잡히지 않는 녀석이다. 흑당과 콩가루가 함께 나오기 때문에 와라비모찌에 묻혀 먹으면 풍미가 좀 더 풍부해질 것이다. 그릇 한 가운데 위치한 하얀 녀석은 얼음이다. 와라비모찌를 다 먹고 난 후 남은 흑밀을 얼음에 뿌려 먹으면 새로운 간식이 된다. 이곳은 젠자이ぜんざい도 유명한데 젠자이에 들어갈 각진 떡을 직접 화로에 굽는 것으로도 유명하다.

2층으로 된 가게는 외부에서는 안의 분위기를 살피기가 쉽지 않다. 대단한 인기를 가진 가게이기 때문에 줄을 서는 것은 각오해야 한다. 점내는 매우 깔끔하고 현대적이라 심심한 분위기다. 주요 메뉴가 테이크아웃 가능한 점은 반갑다.

주소 京都府京都市東山区祇園町南側570-127 전화 075-561-5554 영업일 12:00-18:00 (연중무휴) 교통편 케이한전철京阪電鉄 케이한혼선京阪本線 기온시죠역祇園四条駅 7번 출구 도보 5분

이름은 들어봤나? 와라비모치!

(asks__s 제공)

이쿠스 카훼 교토아라시야마 본점

eX cafe 京都嵐山本店

란과 카즈하가 당고 세트를 즐긴 곳으로 등장한다. 만화책에서는 실제 가게를 홍보할 이유가 전혀 없으므로 xx cafe로 등장했다.

주인공들이 먹었던 메뉴는 '호쿠호쿠오당고셋토ほくほくお団子セット(1650엔)'라는 경단 꼬치구이다. 네모나고 작은 숯불화로의 석쇠 위에 당고 꼬치를 올려 구워 먹으면 된다. 소스를 미리 찍어서 굽지 말고 다 익힌 뒤에 소스를 찍어 먹으라고 테이블 안내문에 그림과 함께 상세하게 설명하고 있다. 오당고 세트는 인스타그램에서 확실히 빛을 발휘할 수 있는 아기자기하고 예쁜 사진을 얻을 수 있다. 이 세트에는 쑥 경단 3꼬치, 흰 경단 3꼬치, 맛챠抹茶, 떡을 찍어 먹을 수 있는 미타라시소스みたらしソース와 팥소스가 포함된 메뉴다. 1인 1메뉴 이상 주문해야 한다고 메뉴판에 한글로 적혀 있다.

이쿠스 카훼는 들어가는 입구의 큰 문부터 일본스러운 느낌을 물씬 풍긴다. 일본식 가옥을 리모델링해 만들었다고 하니 그럴 듯하다. 안에는 일본식 정원이 보이는데 정원이 보이는 곳이 가장 명당이다. 의자 옆으로 물건 보관 바구니가 있어 좋다. 건물 밖의 파란 꽃무늬가 매우 강렬하게 눈에 들어온다.

이 카페는 '과수연의 여자' 시즌15 12화에서도 등장했다. "한번 먹어보고 싶었어. 이곳의 당고." 사신이라 불리는 여형사 오치아이가 과학수사연구소의 마리코를 불러내 목이 졸려 죽은 전업주부의 살인사건에 관련한 단서와 이야기를 꺼내며 천천히 당고를 음미하던 카페였다.

주소 京都府京都市右京区嵯峨天龍寺造路町35-3 전화 075-882-6366 영업일 10 : 00~18:00 (부정기적 휴무) 교통편 케이후쿠전철京福電鉄 케이후쿠선京福線 아라시야마역嵐山駅 도보 1분 / JR 산요혼선山陰本線 사가아라시야마역嵯峨嵐山駅 도보 10분 / 한큐전철阪急電鉄 아라시야마선嵐山線 아라시야마역嵐山駅 도보 10분

직접 구워 먹는 경단꼬치구이는 인스타 각도기.

기온키나나 본점

祇園きなな 本店

달콤한 함정 편에서 란과 카즈하가 방문했던 디저트 가게다. 그녀들이 먹었던 메뉴는 베리베리키나나ベリ~ベリ~きなな(1500엔)라는 디저트였다. 만화책에서는 실제 가게를 홍보할 이유가 전혀 없으므로 기온키나나의 이름을 기온나나코로 살짝 바꿔 등장시켰다. 베리베리키나나는 요거트, 라즈베리, 블루베리, 맛챠아이스크림, 막대과자, 떡경단, 검은깨, 야츠하시八ツ橋 등이 들어가, 맛에 대한 설명이 필요 없는 최고의 달콤 간식이다.

2003년 좁은 골목길에 창업한 가게는 검은 목조건물로 하얀 노렌과 간판이 건물과 극명한 대비를 이룬다. 밖에서는 안의 분위기를 전혀 살필 수 없다. 대기하는 것도 되도록 가게 내부에서 한다. 앉을 자리는 2층밖에 없으니 1층은 주로 테이크아웃 주문을 받거나 기성품을 파는 공간으로 쓰인다. 가게 내부는 대단히 깔끔하다. 벽에 무엇 하나 붙은 것이 없어 허전할 정도이고 테이블과 의자 역시 새것이라 교토의 전통을 느낄 수 있는 요소는 없다. 가게 이름인 키나나는 콩가루 아이스크림을 뜻한다. 교토스럽지 않게 큐알코드 주문이라 당황스럽다. 혼잡할 때는 1시간으로 카페 체류 시간을 제한하는 경우도 있다. 화학적 착색료와 보존료를 일체 사용하지 않고 우유의 지방분도 최대한 억제해 사용한다고 가게의 홈페이지에 알리고 있다. 계란도 사용하지 않는다니 계란 알레르기가 있는 사람도 접근하기에 용이하다. 재미난 점은 현금을 받지 않는다는 점이다.

주소 京都府京都市東山区祇園町南側570-119 전화 075-525-8300 영업일 11:00-19:00 (부정기적 휴무) 교통편 케이한전철京阪電鉄 케이한혼선京阪本線 기온시죠역祇園四条駅 1번 출구 도보 4분

카드만 받는 현금사절 달콤디저트 카페.

(magic_mackee 제공)

데즈쿠리 앙미츠 미츠바치

手作りあんみつ みつばち

모미지의 부하인 이오리가 란과 카즈하에게 다음 갈 곳을 물어
보던 가게다. 카즈하와 란은 기쁜 얼굴로 이구동성으로 "네."라
고 화답했다. 만화에서는 실제 가게를 홍보할 이유가 없으므로
미츠바치를 하치야로 바꿔어 대사로 등장시켰다.

40대 중반의 쌍둥이 자매인 하루코, 케이코 사장님 두 분이
2003년 민가를 개조해 만든 미츠바치. 인도나 스리랑카 음식점
도 아닌데 코끼리 그림의 노렌이 있어 특이하다. 좌석은 테이블
만 15석 정도로 의자에 방석이 있어 뭔가 시골 식당에 온 기분
이 든다. 테이블에 놓인 메뉴들은 손으로 만들어서 귀엽다. 그러
고 보니 벽에 붙은 불필요하게 컬러풀한 엉성한 액자들도 앙미
츠 맛집의 이미지와는 어울리지 않는 연출이다. 다행히 디저트
메뉴는 사진으로 잘 정리되어 있어 선택이 편하다. 의자 아래나
옆에는 가방 등 큰 물건을 넣어둘 수 있도록 바구니를 두어 배려
했다.

치바산 한천, 홋카이도산 팥, 오키나와산 흑밀이 앙미츠あんみつ(650
엔부터)의 맛을 이끌어낸다. 앙미츠는 항상 옳다. 맛없기가 힘든 조
합이다. 모든 재료 중에 가장 자랑할 만한 것은 한천(우뭇가사리를 끓
여 탱글탱글하게 만든 녀석)이라고 가게 밖에 아예 써져 있다. 주변에 풍
광이 좋은 교토의 상징 카모가와 강이 가까워서인지 테이크아웃
하는 이들이 적지 않다. 테이크아웃하려면 가게 밖 작은 창문을
통해 주문하면 된다. 디저트류 외에 음료는 오우스라 불리는 맛
챠와 그린티가 전부다. 재료 소진 시 일찍 영업을 종료하니 주의
하자.

주소 京都府京都市上京区河原町今出川下ル梶井町448-60 전화 075-213-2144 영
업일 11:00-17:45 (일요일, 월요일은 정기휴무) 교통편 케이한전철京阪電鉄 오토선鴨東線 데
마치야나기역出町柳駅 1번 출구 도보 5분

흑밀 소스의 진하고 달달한 펀치.

오타후쿠

小多福

이오리가 란과 카즈하를 데리고 방문했던 디저트 가게다. 그녀들이 소리쳤던 메뉴는 오타후쿠의 오하기 12종 세트おはぎ12種セット(2960엔)였다. 만화책에서는 실제 가게를 홍보할 이유가 전혀 없으므로 오타후쿠의 이름을 오오타후쿠야로 살짝 바꿔 등장시켰다. 모미지의 부하인 이오리는 란과 카즈하의 식성에 놀라 "여자들은 디저트 배가 따로 있다더니, 사실인가 봐요."라며 놀라는 장면도 있었다.

오타후쿠는 매실, 팥, 흑미, 콩고물, 피스타치오, 깨, 아몬드, 사과, 맛챠, 유자 등이 떡에 묻었거나 섞여 있는 일본식 떡인 오하기라는 간식을 파는 곳이다. 오하기의 떡은 멥쌀과 찹쌀을 섞어 찐 뒤에 가볍게 친 다음 동그랗게 빚은 녀석을 말한다. 6월에서 8월 사이에는 토마토, 코코넛이 들어간 오하기를 취급한다. 가을에는 얼그레이레몬 또는 계피와 밤이 들어간 특이한 오하기를 내놓는다. 겨울에는 팥버터 또는 호지차라테 오하기를 만든다. 가게 이름은 작은 복이 많이 있기를 바라는 마음에서 지었다고 한다. 두부 가게를 하는 2대 주인이 80세가 넘은 1대 주인으로부터 물려받아 가게를 운영 중에 있는데 혈연관계가 아니다. 2대 주인인 츠지야 씨가 두부를 호텔에 납품하던 시절, 한 손님이 어느 집 두부인지 수소문해서 두부를 사고는 오타후쿠의 1대 주인에게 맛보게 했다고 한다. 두부 맛에 감동한 1대 주인이 2대 주인인 자신에게 연락하면서 인연이 닿았다고 한다. 2대 주인은 수제로 만들고 색소를 사용하지 않는 데다가 저칼로리라며 자신감을 내비쳤다. 쇼케이스 위에 가게가 등장한 만화책 페이지를 펼쳐 전시하고 있다.

주소 京都府京都市東山区小松町564-24 전화 090-7908-5111 영업일 11:00~17:00 (월, 화요일 정기휴무) 교통편 케이한전철京阪電鉄 케이한혼선京阪本線 기온시죠역祇園四条駅 1번 출구 도보 9분

두부 가게 여사장님,
오하기에 인생을 걸다!

『스즈미야 하루히의 우울』

涼宮ハルヒの憂鬱

스즈미야 하루히라는 시크하고 시니컬한 미소녀 괴짜 여고생이 있다. 외모는 최강이지만 그녀도 평범한 인간이기에 남들과 똑같은 일상을 살고 있다며 항상 우울해한다. 미래에서 온 그라비아 아이돌스타일의 아사히나 미쿠루,외계인 나가토 유키,초능력자 코이즈미 이츠키,평범한 인간 쿈은 스즈미야 하루히가 우울하지 않게 하기 위해 갖은 고생을 마다하지 않는데…. SOS단의 활약상을 따라가 보자!

훠르크스 니시노미야점

volks 西宮店

나가토 유키의 초능력으로 SOS단이 야구시합에서 승리한 후 승리의 배트를 콘이 상대 팀에 팔아 돈을 번 날, SOS단은 점심을 먹으러 레스토랑 훠르크스에 당도한다. 하루히는 새우튀김인 에비후라이エビフライ를 들어 올리며 행복해했고 콘의 여동생은 스테이크를 즐겼다.

하루히는 카스타무카레 3종 토핑カスタムカレー選べる3種のトッピング付을 주문해 먹은 것으로 추측된다. 훠르크스에서 에비후라이를 먹을 수 있는 메뉴가 손님이 직접 토핑을 고를 수 있는 카스타무카레라는 메뉴이기 때문이다. 달걀후라이目玉焼き, 치즈チーズ, 베이컨ベーコン, 부드러운 계란ふわとろ玉子, 굴후라이カキフライ, 에비후라이エビフライ, 라이스코롯케ライスコロッケ, 소세지ソーセージ, 치킨ハーフチキン, 함바그ハンバーグ등에서 토핑을 고를 수 있는데 가장 인기 있는 조합은 에비후라이, 함바그, 계란을 풀어 살짝 구워 속이 흐물흐물한 후와토로타마고 조합이다.

훠르크스는 스테이크체인이라, 메뉴 구성은 스테이크와 함바그를 중심으로 한 고기 요리가 대부분을 차지한다. 월요일부터 금요일까지 매일 바뀌는 런치 메뉴는 수프(중화수프, 옥수수수프, 야채수프)와 빵(7종류) 그리고 밥이 포함된 가격이다. 빵(7종류)은 라이스로 변경 가능하다.

조금 가격이 있는 스테이크 런치를 먹어야 샐러드 바(자몽, 포도, 방울토마토, 가지콩, 오렌지, 브로콜리, 오렌지, 당근, 감자, 콘, 양배추, 양상추 등)까지 이용이 자유롭다.

우리가 노릴 만한 요금 시스템은 역시 런치! 샐러드 바만 추가로 이용하고 싶다면 528엔, 수프 바만 추가로 이용하고 싶다면 418엔, 빵만 추가로 이용하고 싶다면 418엔의 요금을 지불하면 된다. 고기가 담긴 뜨거운 철판이 소 모양을 하고 있어 귀엽다.

SOS단의 맛집을 추적하라!

주소 **兵庫県西宮市能登町5-8** 전화 **0798-67-1149 050-5589-9496** 영업일 **11:00-22:30** 교통편 **한큐전철**阪急電鉄 **고베혼선**神戸本線, **이마즈선**今津線 **니시노미야키타구치역**西宮 北口駅 **북서출구**北西口 **도보 10분**

코히야 도리무

珈琲屋 ドリーム

니시노미야기타구치역西宮北口駅 앞 공원에 모인 SOS단(하루히가 외계인, 미래인, 초능력자를 찾아내자며 만든 비공식클럽)은 주변의 이상한 현상을 찾으러 다닐 때 처음으로 조를 편성하기 위해 코히야 도리무에 오게 된다. 2기 2화에서 여름방학 활동 예정표를 짜기 위해 모이기도 했다. 카페로 오기까지 길을 걷다보니 극중에 나왔던 것처럼 개구리오수맨홀뚜껑이 귀여웠다. 코히야 도리무에는 사전 허락을 받기 위해 2005년에 하루히 제작사의 취재반이 왔다갔다고 한다.

전 세계로부터 특출난 커피만을 모아 온 오너. 질 좋은 커피콩을 직화로 구워 갈아 내린다. 모두 주인아주머니의 수제다. 들어오자마자 눈앞에 보이는 서재에는 카페가 나왔던 1권(만화)과 '초월간 하루히'라는 잡지가 구비되어 팬들에게 사랑받고 있었다. 잡지를 보며 필자가 주문한 건 쇼콜라와플. 초코아이스크림과 하얀 소프트크림을 푹신푹신한 와플에 발라 썰어 먹는 맛이 일품이다. 고상한 미술품과 커피관련기구, 자기를 인테리어로 사용하고 있다. 분주한 모습을 볼 수 있는 카운터석도 매력적이다. 개업 40주년을 맞이했다. 가게의 원래 주인이었던 남편이 사망하자 폐점했다가 하루히 팬들의 성원에 힘을 얻은 아내가 결국 2017년 자리를 살짝 옮겨 운영을 재개했다. 하루히 굿즈를 판매한다. 실제 배경이 있는 애니메이션을 소개하는 지도를 배포하는 곳이 있는데 하루히 애니메이션의 성지순례맵이 붙어 있어 발길을 넓히려는 이들에게는 요긴하다. 런치타임의 주요 메뉴는 샌드위치나 와플 세트다.

주소 兵庫県西宮市甲風園1-12-12 武田ビル 전화 0798-65-9078 영업일 08:00~18:00 (매월 3일, 13일, 23일은 쉼) 교통편 한큐전철阪急電鉄 고베혼선神戸本線, 이마즈선今津線 니시노미야키타구치역西宮北口駅 북서출구北西口 도보 3분

하루히 팬들의 성지 끝판왕.

Kansai

『교토 담뱃가게 요리코』

はんなりギロリの賴子さん

도쿄 본사의 출판사에서 교토로 이동한 야마다 유이치라는 청년은 교토를 즐기던 중 한 프랑스여행자 커플을 만나고 길을 안내해주다가 담뱃가게 아가씨에게 길을 묻고, 이 시크한 눈매의 담뱃가게 아가씨와 인연을 맺게 된다. 교토의 문화 관습에 대해 설명을 들은 대가로 가게 앞을 청소하게 해주면서 말이다. 이 가게는 매우 날카롭게 사람을 노려보고 말투도 차갑지만 상대에게 설명은 잘 해주는 요리코가 잡지를 타게 되면서 유명한 가게가 된다. 먹는 것도 좋아하는 그녀의 매력에 빠져보자.

니죠코야

二条小屋

날카로운 눈매의 아가씨가 운영하는 담뱃가게의 모델이 니죠코야다. 드라마에서는 담뱃가게로 나오지만 담배를 판매하는 모습은 보이지 않고 주인공들이 커피를 마시는 모습으로 매회 등장한 곳이다. 잡지에 기사를 쓰는 야마다가 날카롭지만 친절한 요리코를 기사화하는 바람에 이 가게가 안내소로 더 유명해진다. 야마다와 친해진 요리코는 야마다에게 이 가게를 맡기고 프리마켓에 다녀오거나, 친한 주부 준코에게 가게를 맡기고 놀러 갔다오거나 하는 의외의 태평함을 보이기도 한다.

니죠성二条城 근처의 작은 집이란 뜻의 가게는 사장님이 민가를 리모델링해 만든 것으로 주차장 옆 코딱지만 한 커피숍이다. 인테리어와 설계 관련했던 일을 한 주인 니시키 아키히로 씨의 센스가 넘치는 공간이다. 나름 젊은 감각의 남자 사장님이 현대적 포스를 조용히 풍긴다. 약간은 어두운 듯한 가게 안에는 LP판으로 틀어주는 은은한 재즈가 흐른다. 이곳의 커피는 페이퍼드립하여 만든다. 손님 앞에서 카운터 위에 도구를 두고 내려준다. 아이스커피는 500엔. 시럽이나 크림 등을 넣을 것인지 물어본다. 커피의 종류는 탄자니아, 예멘, 과테말라, 산토스, 콜롬비아, 에티오피아 등이 있다.

가게는 6명 정도밖에 받지 못할 정도로 비좁다. 그리고 오랜 시간 머무는 것은 삼가라는 것과 큰 소리로 대화하지 말라는 문구가 붙어 있어 아쉽다. 커피만 마시기에는 입이 심심하다면 쇼트케이크나 샌드위치를 음미해 보자.

주소 京都府京都市中京区最上町382-3 전화 090-6063-6219 영업일 11:00-20:00 (화요일은 정기휴무) 교통편 교토시영지하철京都市営地下鉄 토자이선東西線 니죠죠마에역二条城前駅 1, 3번 출구 도보 1분

매포읍 우덕리에서나 봤을 법한
건물의 카페.

탄포포

도쿄에서 교토로 온 야마다라는 청년 기자와 우연히 안면을 트게 된 담뱃가게 아가씨 요리코. 요리코는 기자인 야마다에게 교토의 문화에 대해 설명을 해주고 잇폰바시一本橋에서 각자 갈 길을 가게 된다. 그렇게 야마다가 돌아갈 지름길 안내까지 마친 요리코는 홀로 라멘집 탄포포로 향한다. 여주인공 요리코는 고춧가루 폭탄이 들어가 빨갛고 파도 폭탄같이 많이 들어간 라멘 (보통, 800엔)을 받아들었다. 라멘 그릇이 넘칠 듯하고 매우 빨간 라멘이었다. 이곳의 라멘은 부드럽고 얇은 면이다. 국물 위에는 돼지기름이 둥둥 뜨는 스타일의 라멘이다. 그냥 라멘이 심심하다 싶으면 차슈チャーシュー가 들어간 차슈라멘을 주문해도 좋다. 김치는 150엔이다.

불교대학 학생과 지역 주민들에게 사랑받아 온 맨션 구석의 라멘전문점 탄포포의 메뉴는 라멘이 거의 전부다. 기껏해야 볶음밥이 있는 정도다. 카운터석이 있어 오픈 주방도 구경하고, 아무튼 반가운 가게다. 가게의 이름은 민들레라는 뜻이다. 가게 밖 초롱에는 혓바닥을 내민 그림이 있어 주인장이 개구쟁이구나 하고 직감할 수 있다. 가게 내부에 들어오면 주인장의 센스가 더 빛난다. 공처가든 애처가든 부인이 싸준 도시락을 가지고 들어와 먹어도 된다는 문구가 붙어 있다. 어차피 도시락으로 라멘을 싸줄 리는 없기 때문에 메뉴가 겹칠 일이 없는 것을 감안한 주인장의 배려. 아내가 싸준 도시락이 얼마나 먹기 싫으면 라멘 가게에서 라멘과 먹을까도 싶다. 정수기에도 "맞아요, 맞아요. 셀프예요." 같은 문구가 붙어 있다. 음식이 나올 때까지 심심한 손님을 위해 신문과 잡지를 구비하고 있다.

주소 京都府京都市北区紫野西蓮台野町57 UKハイム 1F 전화 075-493-8594 영업일 11:30~20:30 교통편 교토시영지하철京都市営地下鉄 카라스마선烏丸線 키타오지역北大路駅 버스 터미널에서 시버스市バス 1번 또는 北8번 버스 승차, 붓쿄다이가쿠마에佛教大学前 정류장 하차, 도보 2분

궁금증을 유발하는 외견,
너무 맛있잖아?

이치모지야 와스케

一文字屋 和輔

야마다의 옆집에서 살면서 요리코와도 아는 사이인 주부 쥰코. 그녀는 아들 슌스케를 양육하고 있는데 슌스케는 요리코와도 곧 잘 노는 초등학생이다. 어느 날 야마다가 쓴 교토 기사를 검토하던 요리코는 뭔가 부족하다는 평가를 한다. 그러자 야마다는 더 오래된 교토의 명물을 찾기 위해 요리코와 길을 나선다. 중간에 카모가와 강변에서 쥰코의 아들인 슌스케까지 합류하게 된다.

3화에서 요리코, 야마다, 슌스케 3명이 이마미야 신사에서 참배하고 아부리모찌あぶり餅(600엔)를 먹던 가게가 이마미야신사今宮神社 바로 앞에 있는 이치모지야 와스케다. 요리코가 "콩고물을 묻히고 숯불에 구워 일본식 된장 양념을 바른 소박한 떡. 헤이안시대平安時代부터 이어진 오래된 노포중의 노포."라고 설명하자 야마다는 맛있다며 극찬한다. 초딩 슌스케는 청춘남녀의 데이트에 맘대로 낀 것도 모자라 두 사람이 대화를 하든 뭘 하든 그저 먹기에 바쁘다.

아부리모치는 구운 인절미라고 생각하면 대략 맛의 상상이 가능하다. 가게 자체가 교토시로부터 '경관중요구조물'로 인증받아 명패까지 붙어 있을 정도로 1000년 이상의 역사를 자랑한다. 가게를 제대로 운영한 건 사실 60년 정도다. 가게 입구보다 가게 내부로 더 들어와 일본 전통의 다다미방에서 먹어보기를 추천한다. 더욱이 2층 창가에서 내려다보는 재미가 망중한을 더 느낄 수 있을 것이다. 키타오지역에서 도보 이동보다 교토시버스京都市バス 46번에 탑승해 이마미야진쟈마에今宮神社前 정류장에 하차하면 도보로 2분밖에 소요되지 않아 발의 피로를 덜 수 있다.

주소 京都府京都市北区紫野今宮町69 전화 075-492-6852 영업일 10:00-17:00 (수요일은 정기휴무) 교통편 교토시영지하철京都市営地下鉄 카라스마선烏丸線 키타오지역北大路駅 1번 출구 도보 25분

숯불에 구운 고소한 꼬치떡의 유혹.

사루야

이마미야 신사今宮神社에서 참배하고 아부리모치까지 섭렵한 주인공 3인방은 숲이 무성한 시모가모신사下鴨神社로 향한다. 주인공들은 교토 시내인데도 시모가모신사 주변이 이렇게나 녹음에 우거져 있다며 감탄한다. 그리고 시모가모신사 경내에 위치한 사루야라는 가게에서 재차 먹방을 선보인다. 3인방은 둥그런 한 입 크기의 사루모치申餅를 맛있게 음미한다. 야마다는 초딩 슌스케에게 또 먹냐고 귀여운 면박을 주기도 한다. 요리코는 "이 떡은 시모가모신사 명물인 사루모치. 아오이 마츠리葵祭(매년 5월 열리는 교토 4대 축제) 때 먹고 건강을 기원하는 떡이지."라고 지인들에게 설명해주곤 떡과 함께 나오는 차를 바라봤다. 먹방을 마친 주인공들은 600년이 넘었다는 초목이 우거진 타다스노모리糺の森 숲을 걷는다. 요리코는 이 역시 야마다에게 친절하게 설명해 준다. 참고로 시모가모신사는 세계문화유산으로 지정되어 있다.

사루모치가 가장 유명한 사루야는 2011년에 문을 열었다. 커다란 나무 사이에 위치해 시원한 개방감을 느낄 수 있는 단층 목조 건물의 가게다. 사루야가 문을 열며 140년간 명맥이 끊겼던 사루모치가 부활했다. 사루모치는 찹쌀로 만들어 안에 팥이 들어간 핑크빛 떡이다. 선물용 테이크아웃 상품이 있으나 유통기한은 불과 2일이다. 사루야의 빨간 테이블에 앉아 녹음을 느끼는 것만으로도 치유가 되는 듯한 느낌을 받을 수 있다. 주인공들처럼 타다스노모리를 천천히 걸으면 새소리를 들을 수 있다. 사루야는 하트모양의 모나카와 소프트아이스크림 등의 메뉴 그리고 호지차, 그린티, 생강차 같은 음료가 있다. 여름에는 시원한 빙수가 손님들을 유혹한다.

주소 京都府京都市左京区下鴨泉川町59 下鴨神社境内 전화 075-781-0010 영업일 10:00-16:30 (연중무휴) 교통편 케이한전철京阪電鉄 오토선鴨東線 데마치야나기역出町柳駅 5번 출구 도보 10분

전통을 위해 부활한 사루모찌와 차 한잔.

시노다야

篠田屋

요리코의 친구 준코는 가게 앞을 쓸고 있는 의기소침한 요리코에게 함께 밥을 먹자고 권한다. 요리코는 야마다가 교토를 떠난다는 소식을 교토타워에서 직접 듣고 기분이 다운된 상태였다. 준코는 야마다가 교토를 떠난다는 사실을 미리 알고 요리코를 응원하기 위해 야마다와의 3인 식사 자리를 마련한다. 그리하여 모인 주인공 3인방은 시노다야에 와서 말린 생선이 곁들여진 니신소바にしんそば(650엔)를 즐긴다.

니신소바는 저지방 고단백을 자랑하는 청어와 파가 토핑된 심플한 소바다. 청어는 말린 것을 졸여 만든다. 소바에 청어가 더해져 도리어 비린 냄새의 역효과가 나지 않을까? 걱정은 기우에 지나지 않았다. 비린 냄새는 없었고 굉장히 고소한 맛이 난다.

이 집이 유명해진 계기의 메뉴는 카츠카레カツカレー에 가까운 사라모리皿盛(800엔)라는 메뉴다. 손님의 십중팔구는 이 메뉴를 주문한다. 레트로한 감성의 내·외관을 자랑하는 시노다야가 문을 연 것은 무려 1904년이다. 현재는 4대째 주인 부부가 운영 중으로 재떨이조차 50년이 훨씬 지난 빛바랜 민트색의 것일 정도고 바닥도 욕탕의 타일 같아서 이색적이다. 테이블과 의자도 세월을 느끼게 한다. 가게 외부 방범 틀에 사진을 첨부한 메뉴를 큼지막하게 붙여 두어서 밖에서도 대략 이 가게의 대표 메뉴를 알 수 있다. 가게 입구의 커다란 초롱과 새빨간 코카콜라 자판기도 눈길을 끈다. 데마치야나기역出町柳駅 근처에 있어 손님이 많지만 테이블 회전율이 높다.

주소 京都府京都市東山区三条通大橋東入大橋町111 전화 075-752-0296 영업일 11:30-15:00 (토요일은 정기휴무) 교통편 교토시영지하철京都市営地下鉄 토자이선東西線 케이한산죠역京阪三条駅 9번 출구 도보 30초

고등어가 아니라,
청어랍니다.

마나후

愛麩

시노다야에서 소바를 먹던 준코는 야마다에게 도쿄 회사 사람들에게 줄 교토 선물을 어떻게 할 것이냐고 묻는다. 그러자 요리코는 교토 기념 선물을 잘 안다며, 야마다에게 함께 쇼핑하자고 권한다. 그리하여 상점가에서 만나게 된 두 사람. 극중에서는 교토역에서 쇼핑하는 것으로 되어 있지만 사실 이곳은 교토역 상점가가 아닌 토니토니라는 기념품과 음식점이 모여 있는 헤이안진구의 상점가 토니토니였다.

토니토니 기념품 상점가에 도착한 두 사람은 마나후라는 가게의 카라후루덴가쿠바カラフル田楽bar 3本セット 밀기울 떡 3종 세트(800엔), 야츠하시八ッ橋 떡 등을 구경하고 직접 시식품을 먹어보기도 한다.

하지만 마나후는 2022년 토니토니를 나와 후루카와쵸상점가古川町商店街 골목길 코너 자리로 이전했다. 유명 연예인들의 사인으로 가게 내부는 도배되어 있다. 밀기울떡은 주문받은 후 5분 정도 철판에서 굽는다. 마나후의 대표 메뉴는 이소베야키磯辺焼き 3개 세트(600엔), 치즈야키チーズ焼き 3개 세트(600엔)등이다. 밀기울떡이 토핑된 소프트아이스크림(450엔)은 여름의 인기 상품이다. 테이크아웃 가능하니 가게에서 가까운 시라카와白川 버드나무 개천길을 걸으며 밀기울 떡을 먹어도 좋을 듯하다.

주소 京都府京都市東山区古川町544 古川町商店街 전화 075-585-5351 영업일 10:00-22:00 (부정기적 휴무) 교통편 교토시영지하철京都市営地下鉄 토자이선東西線 히가시야마역東山駅 2번 출구 도보 2분

기묘한 소스의 맛! 뭐라 표현할 말이 없네!

Kansai

『미나미양장점의 비밀』

繕い裁つ人

고베의 자그마한 미나미 양장점. 옷을 수선하는 일을 하는 미나미 이치에는 할머니 시노의 뜻에 따라 할머니의 방식으로 지역 주민들의 사연을 담은 특별한 옷을 리폼해 주는 실력자다. 실력이 소문이 나고 그녀의 개성 있는 옷에 매료된 백화점의 남직원 후지이가 미나미 양장점의 브랜드 론칭을 제안하게 된다. 하지만 이치에는 친구의 가게에만 자신의 옷을 내어주고 있던 터였다. 후지이는 그녀의 마음을 돌리기 위해 애를 쓰는데….

상파우로

サンパウロ

괜찮으면 식사 어떠냐는 백화점 남직원 후지이의 식사 제안이 있었지만 성사되지 않았다. 나중에 이치에 혼자 저녁에 이곳 상파우로에 방문해 천천히 케이크를 음미하며 책을 읽었다. 카메라는 주인이 커피를 내리는 모습과 함께 주인공의 느긋한 케이크 먹방을 슬로우모션으로까지 보여 줬다. 주인공은 카페에 책을 깜빡하고 놓고 오는데 백화점 남직원과 다시 만난 날 결국 이곳에서 남직원과 케이크를 더 음미한다.

수선사 이치에가 먹었던 '자르지 않은 대왕 케이크'는 판매하지 않지만 치즈케키チーズケーキ는 판매하고 있다.

키타노이진칸北野異人館 경사길에 위치한 상파우로의 시폰케키シフォンケーキ와 치즈케키는 수제로 만들어 판매하고 있다. 커피와 케이크의 세트는 1000엔이다. 카페에서의 명당은 당연히 주인공 이치에가 앉았던 창가석이다. 영화에서 주인공 주변으로 보이는 멋진 조명, 커튼, 액자, 경첩이 달린 초록색 미니 메뉴판 등이 영화의 소품이 아니라 가게의 것을 그대로 사용했기 때문에 반갑다. 본 영화와 관련된 포스터나 원작 만화책 그리고 감독의 사인 등이 카페 벽 선반에 가지런히 전시되어 있다. 그중에서도 나를 항상 소년으로 만들어주는 오드리 햅번의 액자가 마음을 녹였다. 카페의 주인장이자 유일한 직원은 제대로 옷을 갖춰 입은 나이 지긋한 50대의 민머리 신사로, 홀로 조용히 가게를 운영하고 있다. 그는 귀걸이까지 한 멋쟁이다.

조용한 재즈가 흐르는 이 카페는 한국의 유명 여행 예능 프로그램 '배틀트립'에서 조세호, 남창희 씨가 방문해 허니토스트를 먹었던 가게이기도 하다.

주소 兵庫県神戸市中央区山本通2-13-16 サンシャインコート 1F 영업일 10:00-19:00 (부정기적 휴무) 교통편 한신전철阪神電鉄 혼선本線 고베산노미야역神戸三宮駅 도보 13분 / 한큐전철阪急電鉄 고베혼선神戸本線 고베산노미야역神戸三宮駅 도보 13분

마치며

이번 책을 쓰는 것을 계기로 교토를 구석구석 돌아보고 여러 음식을 맛보며 교토가 확실히 매력적인 도시란 사실을 더욱 절감하게 됐다. 한편 전 세계의 엄청난 여행객들이 몰려들어 교토의 평범한 시민, 특히 노인들이 버스를 타지 못하는 등 고충을 토로하는 이야기를 음식점에서 들어서 알게 됐다.

관광객으로 돈을 버는 자영업자가 아닌 일반의 교토시민들에게는 미안한 이야기지만 다음 가족 여행을 교토로 계획하고 싶을 정도로 교토는 살고 싶은 도시로 내 마음속에 자리 잡았다. 교토는 도쿄, 오사카보다는 확실히 사람 사는 냄새가 나고 조금만 벗어나면 아라시야마 같은 자연이 푸른 지역이 반갑다. 그리고 교토 시내에는 카모가와라는 낮은 수심의 강과 그 주변의 산책길 그리고 시라카와나 타카세 실개천 같은 녀석들이 교토의 이정표 역할을 하는 점도 기쁜 인구 144만의 도시다. 지하철과 버스가 거미줄같이 잘 연계되어 있는 점도 상냥하다.

이러한 환상적인 교토와 화려함이 넘실대는 오사카 그리고 개항도시 고베의 이국적 풍경에 더불어 맛있는 한 끼나 디저트를 즐기며 독자분들이 간사이를 즐기길 바라는 마음으로 본 도서를 만들었다. 일본드라마와 영화, 만화는 예습과도 같고 복습과도 같다. 간사이를 배경으로 하는 드라마와 영화, 만화를 보고 여행하면 교토·오사카·고베가 더욱 새롭게 다가올 것이다. 이 도서는 일본드라마, 영화, 만화에 등장한 가게를 단순히 소개만 하는 책이 아니다. 소개한 가게 대부분은 이미 맛집으로 지역에서 알아주는 집들이다. 드라마나, 영화, 만화를 보지 않았더라도 이미 모든 집들이 맛집이라는 이야기이다. 맛집들을 방문, 주인공이 앉았던 자리에서 주인공이 먹은 메뉴를 음미하며 영화와 드라마와 만화의 주인공이 되어 보길 바란다.

일본 취재 일정에 도움을 주신 박삼철 님, 장영욱 님, 정형선 님, 최은영 님, 이유주 님에게 감사의 인사를 전하며 하나님의 은혜가 독자분들에게 가득하기를 기도한다. 끝으로 기꺼이 사진 사용을 허락해 주신 많은 일본분들에게도 감사의 뜻을 전한다.

교토 · 오사카 · 고베! 일드 미식 가이드

초판인쇄 2024년 8월 30일
초판발행 2024년 8월 30일

글 이지성
발행인 채종준

출판총괄 박능원
책임편집 유나
마케팅 안영은
전자책 정담자리
국제업무 채보라

브랜드 크루
주소 경기도 파주시 회동길 230(문발동)
투고문의 ksibook13@kstudy.com

발행처 한국학술정보(주)
출판신고 2003년 9월 25일 제406-2003-000012호
인쇄 북토리

ISBN 979-11-7217-452-1 03980